T0207970

essentials

essentials liefern aktuelles Wissen in konzentrierter Form. Die Essenz dessen, worauf es als „State-of-the-Art" in der gegenwärtigen Fachdiskussion oder in der Praxis ankommt. *essentials* informieren schnell, unkompliziert und verständlich

- als Einführung in ein aktuelles Thema aus Ihrem Fachgebiet
- als Einstieg in ein für Sie noch unbekanntes Themenfeld
- als Einblick, um zum Thema mitreden zu können

Die Bücher in elektronischer und gedruckter Form bringen das Expertenwissen von Springer-Fachautoren kompakt zur Darstellung. Sie sind besonders für die Nutzung als eBook auf Tablet-PCs, eBook-Readern und Smartphones geeignet. *essentials:* Wissensbausteine aus den Wirtschafts-, Sozial- und Geisteswissenschaften, aus Technik und Naturwissenschaften sowie aus Medizin, Psychologie und Gesundheitsberufen. Von renommierten Autoren aller Springer-Verlagsmarken.

Weitere Bände in der Reihe http://www.springer.com/series/13088

Meike Jipp · Lars Schnieder

Fahrtests unter Realbedingungen

Sicherheitsvalidierung nach ISO 26262

Meike Jipp
Institut für Verkehrssystemtechnik
Deutsches Zentrum für Luft- und
Raumfahrt (DLR) e. V.
Braunschweig, Deutschland

Lars Schnieder
ESE Engineering und
Software-Entwicklung GmbH
Braunschweig, Deutschland

ISSN 2197-6708 ISSN 2197-6716 (electronic)
essentials
ISBN 978-3-658-29419-9 ISBN 978-3-658-29420-5 (eBook)
https://doi.org/10.1007/978-3-658-29420-5

Die Deutsche Nationalbibliothek verzeichnet diese Publikation in der Deutschen Nationalbibliografie; detaillierte bibliografische Daten sind im Internet über http://dnb.d-nb.de abrufbar.

© Springer Fachmedien Wiesbaden GmbH, ein Teil von Springer Nature 2020
Das Werk einschließlich aller seiner Teile ist urheberrechtlich geschützt. Jede Verwertung, die nicht ausdrücklich vom Urheberrechtsgesetz zugelassen ist, bedarf der vorherigen Zustimmung des Verlags. Das gilt insbesondere für Vervielfältigungen, Bearbeitungen, Übersetzungen, Mikroverfilmungen und die Einspeicherung und Verarbeitung in elektronischen Systemen.
Die Wiedergabe von allgemein beschreibenden Bezeichnungen, Marken, Unternehmensnamen etc. in diesem Werk bedeutet nicht, dass diese frei durch jedermann benutzt werden dürfen. Die Berechtigung zur Benutzung unterliegt, auch ohne gesonderten Hinweis hierzu, den Regeln des Markenrechts. Die Rechte des jeweiligen Zeicheninhabers sind zu beachten.
Der Verlag, die Autoren und die Herausgeber gehen davon aus, dass die Angaben und Informationen in diesem Werk zum Zeitpunkt der Veröffentlichung vollständig und korrekt sind. Weder der Verlag, noch die Autoren oder die Herausgeber übernehmen, ausdrücklich oder implizit, Gewähr für den Inhalt des Werkes, etwaige Fehler oder Äußerungen. Der Verlag bleibt im Hinblick auf geografische Zuordnungen und Gebietsbezeichnungen in veröffentlichten Karten und Institutionsadressen neutral.

Planung/Lektorat: Alexander Gruen
Springer Vieweg ist ein Imprint der eingetragenen Gesellschaft Springer Fachmedien Wiesbaden GmbH und ist ein Teil von Springer Nature.
Die Anschrift der Gesellschaft ist: Abraham-Lincoln-Str. 46, 65189 Wiesbaden, Germany

Was Sie in diesem *essential* finden können

- Darstellung der Rolle des Menschen in zunehmend höher automatisierten Fahrzeugsystemen
- Darstellung der Zulassungsmaßstäbe automatisierter Fahrfunktionen
- Darstellung verschiedener Entwurfsaspekte einer humanzentrierten Systemgestaltung
- Darstellung der Herausforderungen und methodischen Implikationen eines empirisch validen Sicherheitsnachweises für automatisierte Fahrfunktionen

Vorwort

Die Vision Zero – eine Welt ohne Verkehrstote und ohne Verletzte in der Umsetzung von Mobilität – ist Ansporn und Motivation zugleich. Jedes Jahr führt unsere Verkehrsteilhabe im motorisierten Verkehr – statistisch belegbar – zu vielen Toten und Verletzten. Wir können der Vision Zero durch den Einsatz von Fahrerassistenz, Fahrzeugautomation und vernetzten Systemen zukünftig deutlich näher kommen. Die ambitionierte Vision Zero treibt uns Autoren in unserer täglichen Arbeit in der Gestaltung des sicheren Verkehrs von morgen voran.

Dieses *essential* ist einerseits ein Zusammenspiel aus Wissenschaft und Praxis. Es wurzelt in unserer mehrjährigen gemeinsamen Forschung am Institut für Verkehrssystemtechnik des Deutschen Zentrums für Luft- und Raumfahrt (DLR) e. V., die vom Aufbau der Anwendungsplattform für Intelligente Mobilität (AIM) im realen Straßenraum der Stadt Braunschweig durch Lars Schnieder und konkreten anwendungsorientierten wissenschaftlichen Forschungsprojekten zur menschzentrierten Gestaltung von Fahrerassistenz und Fahrzeugautomation von Meike Jipp geprägt war. Die insbesondere von Meike Jipp vertretene wissenschaftliche Perspektive ergänzt Lars Schnieder heute durch seine konkreten Erfahrungen in der Begutachtung sicherheitsrelevanter elektronischer Steuerungssysteme für Kraftfahrzeuge für internationale Automobilhersteller und -zulieferer.

Andererseits ist dieses *essential* durch das interdisziplinäre Zusammenwirken einer Ingenieurpsychologin und eines Sicherheitsingenieurs gekennzeichnet. Es ist eine Paradoxie der Automation, dass diese nicht ohne Menschen umgesetzt werden kann. Mensch und Technik sind wechselseitig aufeinander bezogen: Menschen benötigen die Technik, denn die Technik kann menschliches Versagen durchaus ausgleichen. Die Technik braucht aber auch den Menschen – als Nutzer, aber auch als Rückfallebene, denn einige Verkehrsszenarien können von der Automation (noch) nicht sicher beherrscht werden. Menschen müssen dann wieder in die Fahraufgabe eingebunden werden, in der Hoffnung, dass diese die Aufgabe dann sicher realisieren können.

Wir wünschen eine interessante Lektüre dieses *essentials*. Wir hoffen, dass dieses Ihnen, je nach Ihrer fachlichen Herkunft, neue fachliche Horizonte eröffnet.

Meike Jipp
Lars Schnieder

Inhaltsverzeichnis

Motivation und Hintergrund 1

Assistenzsysteme unterstützen menschliche Fahrer bei der Ausübung ihrer Fahraufgabe. Zukünftig werden Automationsfunktionen in Fahrzeugen eine zunehmend größere Rolle einnehmen. Dieses Kapitel führt in die Systematik der Automatisierungsgrade im Straßenverkehr ein und zeigt, wie sich darauf aufbauend die Fahraufgabe verändern wird (vgl. Abschn. 1.1). Es wird deutlich, dass mit zunehmend höheren Automatisierungsgraden die aktuell angewandte Methodik zur Freigabe und Typgenehmigung von Fahrzeugsystemen vor große Herausforderungen gestellt wird. Dieses einführende Kapitel motiviert daher die sozialwissenschaftlichen Methodiken der Ingenieurspsychologie als ein Maßstab der rechtssicheren Freigabe und Typgenehmigung sowie des rechtssicheren Betriebs automatisierter Fahrzeugsysteme (vgl. Abschn. 1.2).

1.1 Automatisierungsgrade im Straßenverkehr

Automationssysteme bestehen aus verschiedenen Systemkomponenten. Diese sind miteinander zu einem Regelsystem verknüpft (s. Moray et al. 2000). Nach Leveson (2012) kann der systemische Zusammenhang von Fahrer, Fahrzeug(automation) und Verkehrsumfeld in einer Regelstruktur bestehend aus Sensoren, Interfaces, Regelalgorithmen und Aktoren dargestellt werden (vgl. Abb. 1.1). Bezüglich des Grades der Einbindung des Menschen in die Fahraufgabe werden zwei Aspekte deutlich:

- Fahrer greifen bei höheren Automatisierungsgraden nur noch *mittelbar* in das Verkehrsgeschehen ein. Hierbei erfassen im Regelfall technische *Sensoren* die Fahrzeugumgebung. Dies können je nach Aufgaben der Automation

© Springer Fachmedien Wiesbaden GmbH, ein Teil von Springer Nature 2020

M. Jipp und L. Schnieder, *Fahrtests unter Realbedingungen*, essentials,
https://doi.org/10.1007/978-3-658-29420-5_1

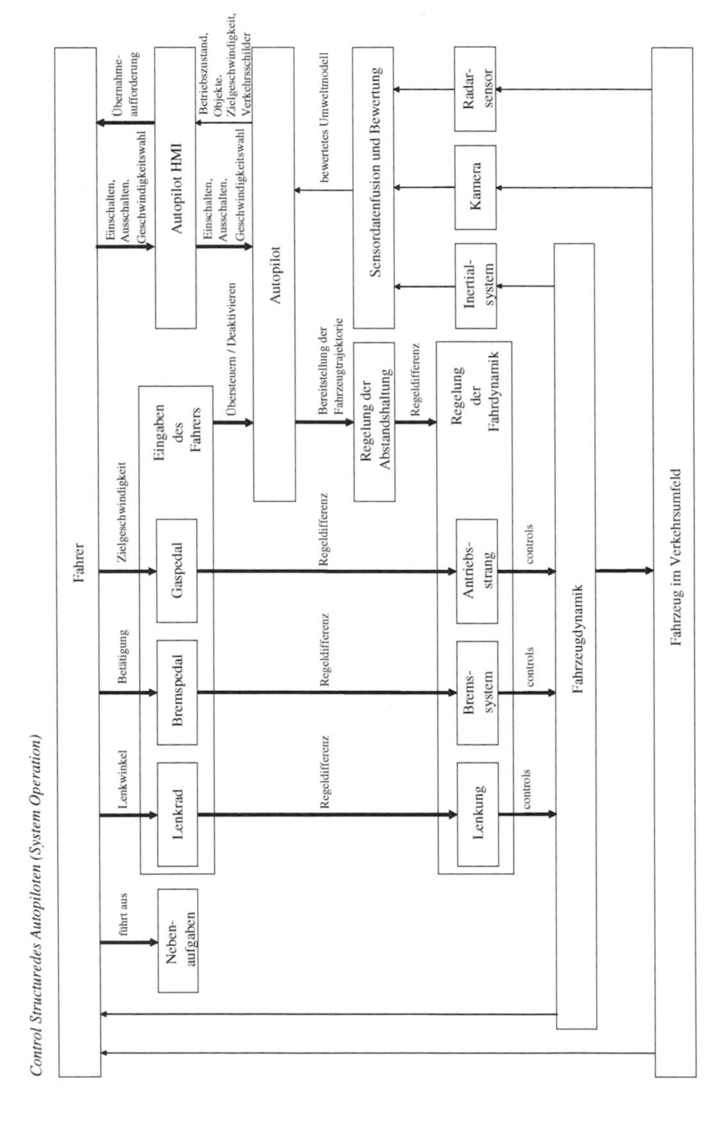

Abb. 1.1 Regelstruktur eines höher automatisierten Fahrzeugsystems (vgl. Schnieder und Hosse 2019)

unterschiedliche Sensoren sein (beispielsweise Kameras, Radare oder Lidarsensoren). Geeignete Algorithmen nutzen die erfassten Rohdaten und extrahieren hieraus Objektdaten (Verkehrsobjekte). *Regelalgorithmen* planen auf Grundlage der erfassten Verkehrsumgebung situationsangemessene Handlungen (beispielsweise Quer- und Längsführung des Fahrzeugs) und geben Stellbefehle an die Stellglieder *(Aktoren)* aus. Die Systeme der Fahrzeugautomation können jedoch jederzeit vom Menschen übersteuert werden. Außerdem fordern die Systeme der Fahrzeugautomation den Fahrer über ein *Interface* zur Übernahme auf, wenn das System seine spezifizierten Grenzen erreicht oder technische Fehler zu Funktionseinschränkungen führen.
- Fahrer greifen, wenn dies technisch geboten ist oder von ihnen selbst gewünscht wird, selbst *unmittelbar* in das Verkehrsgeschehen ein. Die Fahrer nehmen mit ihren eigenen Sinnesorganen direkt das Verkehrsumfeld wahr. Darüber hinaus interpretieren sie die über das Fahrzeug-Interface dargebotenen Informationen (zum Beispiel mögliche haptische, optische und/oder akustische Warnungen). Die Fahrer interpretieren ihre Wahrnehmungen und greifen über die Aktorik des Fahrzeugs in das Verkehrsgeschehen ein. Die Bedienelemente sind hierbei das Lenkrad, das Gaspedal und das Bremspedal. In einem kybernetischen Verständnis sind also die Fahrer in eine rückgekoppelte Wirkstruktur eingebettet.

Der Umfang der übernommenen Funktionen (Längs- und Querführung) sowie die bestehenden Einschränkungen auf ausgewählte Fahrszenarien, werden im Automatisierungsgrad ausgedrückt (vgl. Parasuraman et al. 2000). Im Straßenverkehr wurden Automatisierungsgrade von einer Arbeitsgruppe definiert, die von der Bundesanstalt für Straßenwesen (BASt) geleitet wurde (Gasser et al. 2012). Unterschieden werden hier fünf Automatisierungsgrade:

- **Driver only:** Fahrer führen das Fahrzeug dauerhaft (während der gesamten Fahrt). In diesem Fall übernehmen die Fahrer die Aufgaben der Längsführung (Beschleunigen, bzw. Verzögern) und der Querführung (Lenken) des Automobils.
- **Assistiert:** Fahrer führen dauerhaft entweder die Quer- oder die Längsführung des Fahrzeugs aus. Sicherheitsrelevante elektronische Steuerungssysteme übernehmen innerhalb gewisser Grenzen die Ausführung der jeweils anderen Fahraufgabe. In diesem Fall müssen die Fahrer das Steuerungssystem dauerhaft während der Fahrt überwachen. Die Fahrer müssen auch jederzeit in der Lage sein, die Fahrzeugführung wieder vollständig zu übernehmen.

- **Teilautomatisiert:** Sicherheitsrelevante, elektronische Steuerungssysteme übernehmen beide Aufgaben der Fahrzeugführung – für einen gewissen Zeitraum oder/und in spezifischen Situationen. Die Fahrer müssen das sicherheitsrelevante elektronische Steuerungssystem dauerhaft überwachen und wieder jederzeit zur vollständigen Übernahme der Fahrzeugführung bereit sein.
- **Hochautomatisiert:** Sicherheitsrelevante elektronische Steuerungssysteme übernehmen beide Fahraufgaben für einen gewissen Zeitraum in spezifischen Situationen. Allerdings müssen die Fahrer die sicherheitsrelevanten elektronischen Steuerungssysteme dabei nicht überwachen. Bei Bedarf fordert das Steuerungssystem mit einem ausreichenden zeitlichen Vorlauf die Fahrer zur Übernahme der Fahraufgaben auf. Die Notwendigkeit der Übernahme durch den Fahrer tritt genau dann ein, wenn die spezifizierten Systemgrenzen erreicht werden. Diese Systemgrenzen werden vom sicherheitsrelevanten elektronischen Steuerungssystem erkannt. Das sicherheitsrelevante Steuerungssystem ist jedoch nicht in der Lage, aus jeder Ausgangssituation den risikominimalen Zustand herbeizuführen.
- **Vollautomatisiert:** Sicherheitsrelevante elektronische Steuerungssysteme übernehmen die Fahraufgaben vollständig in einem definierten Anwendungsfall. Die Fahrer müssen die Steuerungssysteme nicht überwachen und die Aufgaben auch nicht mehr übernehmen, sollten Systemgrenzen erreicht werden. Die Systeme sind in allen Situationen in der Lage, den risikominimalen Systemzustand herbeizuführen. Wenn der Anwendungsfall verlassen wird, fordern die sicherheitsrelevanten elektronischen Steuerungssysteme die Fahrer mit ausreichendem zeitlichen Vorlauf zur Übernahme der Fahraufgabe auf. Erfolgt diese Übernahme nicht, wird das System in den risikominimalen Systemzustand übergeführt.

Diese Beschreibung zeigt, dass Menschen in allen Automatisierungsgraden eine zentrale Rolle spielen. Eine menschengerechte Gestaltung der Steuerungssysteme ist also – unabhängig vom Automatisierungsgrad – bereits heute unverzichtbar. Ansonsten kann nämlich ein Hauptziel, welches mit der Entwicklung und Implementierung automatisierter Fahrfunktionen verbunden wird, kaum erreicht werden. Dieses Ziel besteht darin, die Verkehrssicherheit zu erhöhen (vgl. Kato et al. 2002) und der sogenannten *Vision Zero* näher zu kommen. Diese Vision wurde ursprünglich 1997 im Rahmen der Road Traffic Safety Bill propagiert und beschreibt die Vision, dass zukünftig keine Person im Straßenverkehr getötet oder ernsthaft verletzt wird (vgl. Ministry of Transport and Communications 1997).

1.2 Zulassung automatisierter Fahrfunktionen

Automatisierte Fahrfunktionen können je nach Automatisierungsgrad selbstständig Entscheidungen über Fahrmanöver treffen. Sie unterscheiden sich somit von heute verfügbaren Fahrzeugen. Dies bringt auch neue Anforderungen an die Zulassung dieser Systeme mit sich. Um die Basis für eine zukünftige Rechtsfortbildung zu legen, hat die deutsche Bundesregierung 2017 eine interdisziplinär besetzte Ethikkommission einberufen, welche Grundsätze der Zulassung hochautomatisierter Fahrzeugsysteme formuliert hat (vgl. BMVI 2017). Diese Grundsätze umfassen neben den Voraussetzungen für das Inverkehrbringen automatisierter Fahrzeugsysteme ebenfalls die Produktbeobachtungspflicht der Hersteller sowie die Marktbeobachtung durch öffentliche Stellen.

Das Inverkehrbringen automatisierter Fahrfunktionen wird insbesondere im Rahmen der zweiten ethischen Regel für den automatisierten Fahrzeugverkehr angesprochen (vgl. BMVI 2017).

Ethische Regel 2 (vgl. BMVI 2017)

„Der Schutz von Menschen hat Vorrang vor allen anderen Nützlichkeitserwägungen. Ziel ist die Verringerung von Schäden bis hin zur vollständigen Vermeidung. Die Zulassung von automatisierten Systemen ist nur vertretbar, wenn sie im Vergleich zu menschlichen Fahrleistungen zumindest eine Verminderung von Schäden im Sinne einer positiven Risikobilanz verspricht."

Fazit: Die menschliche Fahrleistung (gegebenenfalls differenziert nach den Automatisierungsgraden) ist die Messlatte für das Inverkehrbringen automatisierter Fahrzeugsysteme. Nur dann, wenn automatisierte Fahrzeugsysteme nachweislich sicherer als Menschen fahren können, dürfen diese zugelassen werden. Das in diesem *essential* dargestellte methodische Instrumentarium der Ingenieurpsychologie dient somit dazu, die zum Zeitpunkt der Zulassung erstellte *initiale Risikobilanzierung* auf eine objektive, reliable und valide Basis zu stellen.

Der Begriff der Risikobilanzierung ist in Abb. 1.2 dargestellt. Hierbei wird deutlich, dass im Zuge der Risikobilanzierung durch Fahrzeugautomation begünstigte Unfallschäden gegen die durch die Fahrzeugautomation vermiedenen Unfallschäden abgewogen werden. Das Inverkehrbringen von Automationssystemen ist demnach nur dann akzeptiert, wenn ihr Nutzen im Sinne vermiedener Unfälle ihren Schaden im Sinne möglicherweise neuartiger Unfälle überwiegt.

Abb. 1.2 Risikobilanzierung für das hochautomatisierte Fahren, HAF (Schnieder und Krumbach 2019)

Die Produktbeobachtung wird im Rahmen der ethischen Regel 11 für den automatisierten Fahrzeugverkehr diskutiert (s. BMVI 2017).

Ethische Regel 11 (vgl. BMVI 2017)

„Für die Haftung für Schäden durch aktivierte automatisierte Fahrsysteme gelten die gleichen Grundsätze wie in der übrigen Produkthaftung. Daraus folgt, dass Hersteller oder Betreiber verpflichtet sind, ihre Systeme fortlaufend zu optimieren und auch bereits ausgelieferte Systeme zu beobachten und zu verbessern, wo dies technisch möglich und zumutbar ist."

Fazit: Die Pflicht zur Produktbeobachtung ist privatrechtlich motiviert und in dieser Form seit langem in der Rechtsprechung etabliert. Maßgeblich hierfür ist das Deliktsrecht (vgl. § 823 BGB zum „Recht aus unerlaubter Handlung") inklusive seiner Auslegung durch die Rechtsprechung des Bundesgerichtshofes einerseits im „Honda-Fall" (vgl. Bundesgerichtshof 1986) sowie im „Airbag-Urteil" (vgl. Bundesgerichtshof 2009). In Bezug auf hochautomatisierte Fahrzeugsysteme bedeutet dies, dass die Fahrzeughersteller regelmäßig nachweisen müssen, dass die Prämissen der zum Zeitpunkt der Zulassungsentscheidung dargestellten initialen Risikobilanz nach wie vor gültig sind.

Abb. 1.3 versinnbildlicht in der Darstellung eines Regelkreises die verschiedenen haftungsrechtlichen Pflichten eines Automobilherstellers. Hierbei ist der Zeitpunkt der Bereitstellung automatisierter Fahrzeugsystem am Markt und ihr Betrieb (Regelstrecke in Abb. 1.3) wesentlich. Es wird einerseits deutlich, dass die Sicherheit des betrachteten Automationssystems von Beginn an mit bedacht werden muss (ex-ante). Anderseits müssen bei erkannten Gefährdungen im Feld unmittelbar sicherheitsgerichtete Produktverbesserungen geplant und umgesetzt werden (ex-post). Die Rechtspflichten des Herstellers differenzieren sich wie folgt:

- Die *Konstruktionspflicht* bedeutet, dass die Fahrzeughersteller Risiken bereits frühzeitig durch einen sicherheitsgerichteten Entwurf auf ein tolerierbares Restrisiko reduzieren sollen. Dies ist Ansatzpunkt einer humanzentrierten Systemgestaltung. Aus haftungsrechtlicher Sicht profitieren die Fahrzeughersteller bei Berücksichtigung technischer Regelwerke in der Entwicklung (beispielsweise RESPONSE 3 oder internationale Normen) von der Beweislastumkehr im Falle eines Rechtsstreits.
- Die *Produktionspflicht* umfasst die von den Unternehmen umzusetzenden fertigungsbegleitenden Qualitätssicherungsmaßnahmen, die sicherstellen, dass das betrachtete Produkt auch qualitätsgerecht und dem freigegebenen

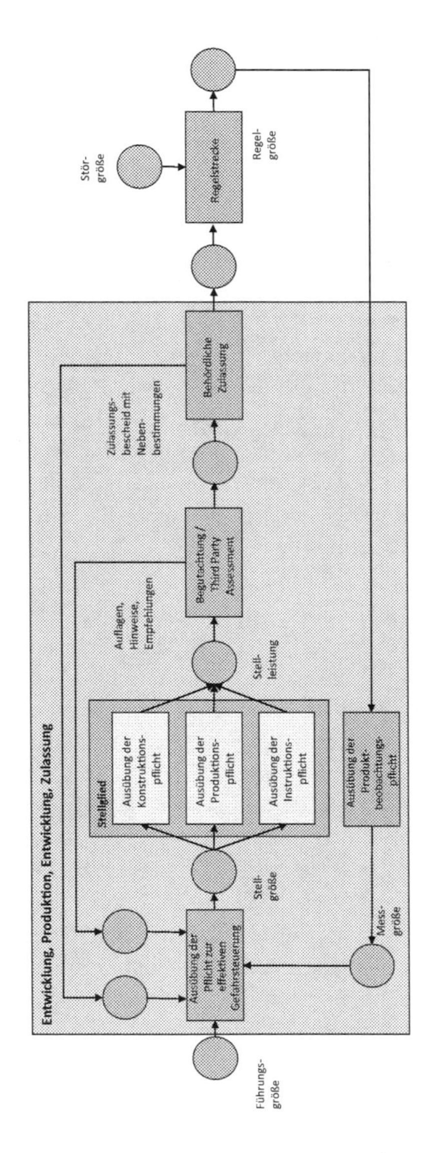

Abb. 1.3 Haftungsrechtliche Pflichten des Herstellers im Regelkreis

Typen entsprechend gefertigt wird. So werden beispielsweise Produktionsaspekte einerseits in Branchenstandards wie die IATF (2016) und auch aus den internationalen Standards zur Funktionalen Sicherheit (ISO 2011) heraus angesprochen.
- Die *Instruktionspflicht* bringt den Nutzern des Automatisierungssystems gegenüber die Grenzen und Randbedingungen des betrachten Automatisierungssystems zum Ausdruck. Der Inhalt der Nutzerinformation beschreibt den rechtlichen Maßstab des bestimmungsgemäßen Gebrauchs. Zuwiderhandlungen bezeichnen – rechtlich gesprochen – einen Missbrauch durch Nutzer. Für Missbrauch sind die Fahrzeughersteller nicht haftbar.
- Die *Produktbeobachtungspflicht* umfasst die Feldbeobachtung des Herstellers. Hersteller werten gezielt die erhaltenen Informationen aus den Werkstätten oder Nutzerbeschwerden aus. Sie identifizieren relevante Abweichungen und adressieren diese durch korrektive Maßnahmen.
- Die *Pflicht zur effektiven Gefahrsteuerung:* Erkennt ein Hersteller bei den von ihm in Verkehr gebrachten Automationssystemen ein Sicherheitsrisiko, muss dieser unverzüglich korrektive Maßnahmen ergreifen. Inverkehrgebrachte Produkte sind zurückzurufen, um Unfälle zu vermeiden (Klindt und Handorn 2010).

Die Marktbeobachtung wird im Rahmen der achten ethischen Regel für den automatisierten Fahrzeugverkehr diskutiert (vgl. BMVI 2017).

Ethische Regel 8 (vgl. BMVI 2017)

„Technische Systeme müssen auf Unfallvermeidung ausgelegt werden. Technische Systeme sind aber auf eine komplexe oder intuitive Unfallfolgenabschätzung nicht so normierbar, dass sie die Entscheidung eines sittlich urteilsfähigen, verantwortlichen Fahrzeugführers ersetzen oder vorwegnehmen könnten. Ein menschlicher Fahrer würde sich zum Beispiel zwar rechtswidrig verhalten, wenn er im Notstand einen Menschen tötet, um einen oder mehrere andere Menschen zu retten, aber er würde nicht notwendig schuldhaft handeln. Derartige in der Rückschau angestellte und besondere Umstände würdigende Urteile des Rechts lassen sich nicht ohne weiteres in abstrakt-generelle Ex-Ante Beurteilungen und damit auch nicht in entsprechende Programmierungen umwandeln. Es wäre gerade deshalb wünschenswert, durch eine unabhängige öffentliche Einrichtung (etwa einer Bundesstelle für Unfalluntersuchung automatisierter Verkehrssysteme oder eines Bundesamtes für Sicherheit im automatisierten und vernetzten Verkehr) Erfahrungen systematisch zu verarbeiten.“

Fazit: Die Verarbeitung von Erfahrungen in einer unabhängigen öffentlichen Einrichtung lehnt sich an die in anderen Verkehrsträgern (insbesondere Schienenverkehr und Luftfahrt) etablierte Praxis einer unabhängigen Unfalluntersuchung an. Gerade bei hochautomatisierten Fahrzeugen muss bei diesen Unfalluntersuchungen der „Faktor Mensch" mit bedacht werden. Eine Kernfrage ist nämlich, ob beispielsweise die Mensch-Maschine-Schnittstelle so ausgelegt wurde, dass zu jedem Zeitpunkt für Fahrer klar und erkennbar geregelt ist, welche Zuständigkeiten auf welcher Seite liegen, insbesondere auf welcher Seite die Kontrolle liegt. Dies ist insbesondere dahin gehend relevant, als dass Übergabevorgänge zwischen Mensch und Technik im Fahrzeug aktuell noch nicht international harmonisiert sind.

Auch bei hoch- oder vollautomatisierten Fahrzeugsystemen darf sich der Fahrzeugführer zwar während der Fahrzeugführung vom Verkehrsgeschehen und der Fahrzeugsteuerung abwenden, muss aber derart wahrnehmungsbereit bleiben, dass er im Ereignisfall die sichere Fahrzeugführung stets wieder übernehmen kann (beispielsweise im Fall, wenn das technische System sein spezifizierten Grenzen erreicht). Eine weitere Begrenzung ist aber auch die Privatautonomie des Menschen, das heißt seine Wahlfreiheit, die Automation zu aktivieren oder zu deaktivieren. Dies wird ebenfalls im Abschlussbericht der Ethikkommission deutlich:

Privatautonomie (vgl. BMVI 2017)

„Ausdruck der Autonomie des Menschen ist es, auch objektiv unvernünftige Entscheidungen wie eine aggressivere Fahrhaltung oder ein Überschreiten der Richtgeschwindigkeit zu treffen. [...] Die Verminderung von Sicherheitsrisiken und die Begrenzung der Freiheit muss im demokratischen und grundrechtlichen Abwägungsprozess entschieden werden: Es besteht keine ethische Regel, die Sicherheit immer vor Freiheit setzt."

Fazit: Unabhängig ob es sich um die Übernahme der Fahrzeugsteuerung durch den Menschen im Falle technischer Fehler der Fahrzeugautomation handelt oder die bewusste Entscheidung, die Fahraufgabe selbst auszuführen, kommt der Ausgestaltung der Mensch-Maschine-Interaktion auch zukünftig eine große Rolle zu. Die Automation ersetzt den Fahrer nicht in vollem Umfang. Es muss stets die freiwillige Übernahme der Verantwortung für die Fahrzeugführung durch den Fahrer mit bedacht werden.

Der Mensch im System 2

Dieses Kapitel konzentriert sich auf den Mensch im Verkehrssystem. Es behandelt, wie menschliches Verhalten und menschliche Leistungsfähigkeit die Leistung des Gesamtsystems, bestehend aus Menschen, Hardware und Software sowohl negativ als auch positiv beeinflussen können. Es werden Determinanten für mangelhaftes, menschliches Verhalten in der Interaktion mit technischen Systemen diskutiert.

2.1 Menschliches Verhalten

2.1.1 Menschliche Leistungsfähigkeit

Menschliches Verhalten beschreibt die Handlungen des Menschen (Evans 2004). Dieses Verhalten ist gemäß der Lewinschen Formel (Lewin 1963/2012) eine Funktion der Person und der Umgebung. Der Personenparameter beschreibt die *menschliche Fahrleistungsfähigkeit;* der Umgebungsparameter beschreibt die *objektiven Fahranforderungen* (vgl. auch Preuk und Schießl 2017).

Die *objektiven Fahranforderungen* hängen gemäß Donges (1982) von

- der Fahraufgabe (Navigation, Fahrzeugführung, Stabilisierung),
- dem Fahrzeug (Längs- und Querdynamik) sowie
- der Umwelt (Oberfläche der Fahrbahn, Fahrbahnbreite, Straßennetz)

ab. So steigen die objektiven Fahranforderungen zum Beispiel an, wenn die Fahrbahnbreite geringer wird.

© Springer Fachmedien Wiesbaden GmbH, ein Teil von Springer Nature 2020

M. Jipp und L. Schnieder, *Fahrtests unter Realbedingungen,* essentials,
https://doi.org/10.1007/978-3-658-29420-5_2

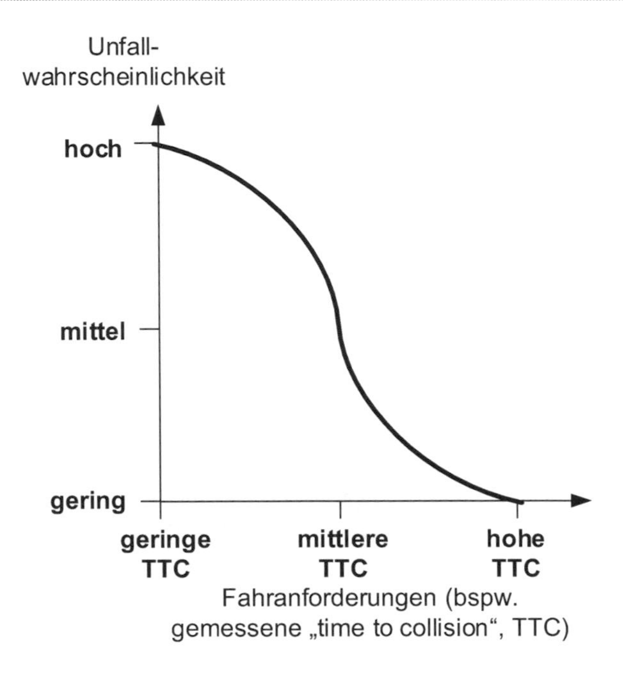

Abb. 2.1 Zusammenhang zwischen den Fahranforderungen sowie der Unfallwahrscheinlichkeit (TTC = Time to collision)

Die *menschliche Fahrleistungsfähigkeit* ist abhängig von physiologischen Faktoren (wie Folgen von Medikamenten, Drogen und Alkohol oder der Einfluss von Erkrankungen), aber auch von psychologischen Faktoren wie Fahrerfahrung, Ablenkung, Stress oder emotionale Zustände (z. B. Preuk und Schießl 2017). So sinkt die menschliche Leistungsfähigkeit zum Beispiel, wenn Personen am Steuer frustriert sind (z. B. Ihme et al. 2018; Jeon 2012) oder unter Alkoholeinfluss stehen (Schnabel 2011).

Die Beziehung zwischen menschlicher Fahrleistungsfähigkeit und objektiven Fahranforderungen beschreibt die *Kontrollierbarkeit der Fahrsituation* (vgl. Abb. 2.1):

- Je höher die *menschliche Fahrleistungsfähigkeit* im Vergleich zu den *objektiven Fahranforderungen* (in Abb. 2.1 operationalisiert durch die „Time to Collision", das heißt der prädizierten Zeit bis zum Aufprall eines Fahrzeugs auf ein anderes Fahrzeug) ist, desto unwahrscheinlicher ist ein Kontrollverlust (das heißt ein

Unfall) im Straßenverkehr. Die Fahrsituation bleibt also mit einer höheren Wahrscheinlichkeit kontrollierbar. Dies entspricht in Abb. 2.1 dem Bereich der mittleren bis geringeren Unfallwahrscheinlichkeit in der unteren Hälfte des Graphen.

- Umgekehrt steigt die Wahrscheinlichkeit eines Kontrollverlusts (bzw. die Unfallwahrscheinlichkeit), wenn die *objektiven Fahranforderungen* (operationalisiert durch die „Time to collision") über der *menschlichen Fahrleistungsfähigkeit* liegen. Dies entspricht in Abb. 2.1 dem Bereich der mittleren bis hohen Unfallwahrscheinlichkeit in der oberen Hälfte des Graphen. Ein Kontrollverlust muss nicht unbedingt zu einem Unfall führen. Die Faktoren „Glück gehabt" oder ein situationsangepasstes Verhalten anderer Verkehrsteilnehmer können einen Unfall verhindern (z. B. Fuller 2005; Preuk und Schießl 2017).

Die Kontrollierbarkeit eines Fahrmanövers ist demnach eine Abschätzung der Wahrscheinlichkeit, mit der ein Fahrer oder andere Personen im Falle des Auftretens eines Funktionsversagens einer Schutzfunktion wieder eine ausreichende Kontrolle über das Fahrmanöver erlangen können. Im Sinne der internationalen Normen zur funktionalen Sicherheit (vgl. ISO 2018) wirkt der Mensch dann als sicherheitsgerichtete Barriere, welche den spezifischen Schaden vermeiden kann. Die Kontrollierbarkeit wird in vier Klassen eingeteilt (vgl. ISO 2018):

- *Klasse C0:* Generell kontrollierbar.
  Diese Klasse darf in der Gefährdungs- und Risikoanalyse nur dann verwendet werden, wenn der Ausfall des betrachteten elektronischen Steuerungssystems den sicheren Betrieb eines Fahrzeugs in keiner Weise beeinträchtigt oder wenn ein Unfall durch Routinehandlungen des Fahrers vermieden werden kann.
  Ein Beispiel hierfür ist eine unerwartete Erhöhung der Lautstärke des Radios. Der Fahrer kann das beabsichtigte Fahrmanöver ohne Einschränkungen umsetzen.
- *Klasse C1:* 99 % oder mehr aller Fahrer oder anderer Verkehrsteilnehmer können in der Regel einen Schaden vermeiden.
  Ein Beispiel hierfür ist eine blockierte Lenksäule beim Starten des Fahrzeugs. Fährt der Fahrer trotz blockierter Lenksäule los, so kann ein Unfall durch eine Bremsung noch vermieden werden oder zumindest das Schadensausmaß durch die Verzögerung des Fahrzeugs verringert werden.
- *Klasse C2:* 90 % oder mehr aller Fahrer oder anderer Verkehrsteilnehmer können in der Regel einen Schaden vermeiden.
  Ein Beispiel hierfür ist das Versagen der Scheinwerfer in der Nacht bei einer Fahrt mit mittlerer/hoher Geschwindigkeit auf einer unbeleuchteten Straße.

In diesem Fall kann der Fahrer das Fahrzeug abbremsen oder an der Straßenseite sicher zum Stillstand bringen.

- *Klasse C3:* Weniger als 90 % aller Fahrer oder anderer Verkehrsteilnehmer können einen Schaden abwenden.
  Ein Beispiel hierfür ist eine fehlerhafte Auslösung des Airbags bei einer Fahrt mit hoher Geschwindigkeit. Der Fahrer kann die Spur halten und das Fahrmanöver sicher fortführen oder das Fahrzeug gesichert am Straßenrand zum Stillstand bringen.

Diese Einschätzung der Kontrollierbarkeit ist ein essentieller Aspekt der Gefährdungsidentifikation und Risikobewertung (Hazard Analysis and Risk Assessment, HARA) gemäß der Norm zur funktionalen Sicherheit elektronischer Steuerungssysteme für Kraftfahrzeuge (ISO 2018). Im Rahmen der HARA werden Risiken identifiziert und gemäß der folgenden Parameter bewertet:

- Schadensschwere (Severity)
- Häufigkeit (Exposure)
- Kontrollierbarkeit (Controllability)

Diese drei Parameter werden in einem Risikographen miteinander verknüpft, sodass hieraus das sogenannte „Automotive Safety Integrity Level (ASIL)" abgeleitet werden kann. Das ASIL beschreibt die im Entwurf sicherheitsrelevanter elektronischer Steuerungssysteme umzusetzenden Maßnahmen, die systematische Fehler und zufällige Ausfälle sicherheitsrelevanter elektronischer Steuerungssysteme für Kraftfahrzeuge vermeiden.

Bei der Bewertung der Kontrollierbarkeit wird gemäß der internationalen Norm (ISO 2018) von den folgenden Randbedingungen ausgegangen:

- Der Fahrer ist in einem fahrtauglichen Zustand und beispielsweise nicht müde.
- Der Fahrer ist trainiert und hat einen Führerschein.
- Der Fahrer hält alle anwendbaren gesetzlichen Bestimmungen ein, einschließlich der Sorgfaltspflicht, um Risiken zu vermeiden („angepasste Fahrweise" nach deutscher Straßenverkehrsordnung, StVO).
- Vernünftigerweise vorhersehbarer Missbrauch wird in Betracht gezogen.

Zusammenfassend wird hier also von einer hohen menschlichen Leistungsfähigkeit ausgegangen.

2.1.2 Menschliche Fehler

Menschliche Fehler stehen insbesondere im Fokus sicherheitskritischer Systeme (z. B. Hollnagel 1993) und lassen sich auf diverse Varianten klassifizieren (z. B. Weimer 1931; Norman 1981; Reason 1990). Reason (1990) basierte seine Klassifikationsmethode zum Beispiel auf verschiedenen Ebenen der Handlungssteuerung:

- *Fertigkeitsbasiertes Verhalten* beschreibt menschliches Verhalten, welches routiniert und durch eine effiziente Informationsverarbeitung charakterisiert ist. Fertigkeitsbasierte Fehler sind
  - *Ausrutscher,* die durch Gewohnheiten automatisch ausgelöst werden, oder
  - *Versehen,* die dadurch charakterisiert sind, dass das Handlungsziel während der Handlung vergessen wird.

Fertigkeitsbasierte Fehler

Fertigkeitsbasierte Fehler sind Ausrutscher und Versehen:

- Ein Beispiel für einen *Ausrutscher* ist das Treten der nicht-vorhandenen Kupplung in einem Fahrzeug mit einem Automatik-Getriebe.
- Ein Beispiel für ein *Versehen* ist das Vergessen des Fahrtziels während der Fahrt.

- *Regelbasiertes Verhalten* beschreibt menschliches Verhalten, in welchem Reaktionen anhand wiedererkannter, situativer Muster ausgewählt und umgesetzt werden. Regelbasierte Fehler sind
  - *Verwechslungsfehler,* die durch eine falsche Klassifikation von Situationen charakterisiert sind, und
  - *Erkennungsfehler,* die dadurch entstehen, dass eine Rückmeldung des technischen Systems nicht erkannt wird.

Regelbasierte Fehler

Regelbasierte Fehler sind Verwechslungsfehler und Erkennungsfehler:

- Ein Beispiel für einen *Verwechslungsfehler* ist die Fahrt rechts herum durch einen Kreisverkehr im Linksverkehr.
- Ein Beispiel für einen *Erkennungsfehler* ist das erneute Starten des Motors, obwohl dieser noch läuft.

- *Wissensbasiertes Verhalten* beschreibt kognitiv anspruchsvolles Problemlösungsverhalten, welches dann aktiviert wird, wenn Menschen mit einer Problemsituation konfrontiert sind, die sie nicht kennen. Wissensbasierte Fehler sind
  - *Denkfehler* in der Planungsphase, welche entstehen, wenn entscheidende Gesichtspunkte bei der Planung einer Problemlösung nicht berücksichtigt werden,
  - *Urteilsfehler,* welche entstehen, wenn eine Rückmeldung des Systems falsch beurteilt wird, und
  - *Regelverletzungen,* welches durch das absichtliche Übertreten von Sicherheitsbestimmungen charakterisiert ist.

Wissensbasierte Fehler

Wissensbasierte Fehler sind Denkfehler, Urteilsfehler und Regelverletzungen:

- Ein Beispiel für einen *Denkfehler* ist die Planung einer langen Urlaubsfahrt mit einem Elektroauto, dessen Reichweite nicht berücksichtigt wird.
- Ein Beispiel für einen *Urteilsfehler* ist die falsche Interpretation der Anzeige, dass die Reichweite des Elektrofahrzeugs nicht ausreicht.
- Ein Beispiel für eine *Regelverletzung* ist das absichtliche Ignorieren einer Geschwindigkeitsvorgabe.

Regelverletzungen können auch als vorhersehbarer Fehlgebrauch (foreseeable misuse) bezeichnet werden und müssen im Entwurf und in der Entwicklung von Fahrerassistenz und Fahrzeugautomation auch mit beachtet werden. Gemäß der ISO/PAS 21448 (ISO 2019) wird hierunter die Benutzung des Systems durch Menschen in einer Weise verstanden, die vom Hersteller des Systems nicht vorgesehen ist und für die das System eine unzureichende Leistung aufweist oder unzureichend ist.

Für die bewusste Auslegung eines Assistenz- und Automatisierungssystems müssen gezielt Missbrauchsszenarien entwickelt werden (ISO 2019). ISO (2019) enthält im Anhang E eine praxisgerechte Empfehlung zur strukturierten Ableitung möglicher Szenarien des vorhersehbaren Fehlgebrauchs. Hierfür können im ersten Schritt leitwortbasierte Analysemethoden (ähnlich zu der in der technischen Zuverlässigkeit verwendeten hazard and operability study, HAZOP) zur Anwendung kommen. Dabei wird von einem stark vereinfachten menschlichen Informationsverarbeitungsprozess ausgegangen und darauf aufbauend Szenarien entwickelt.

Über die Analyse der Informationsverarbeitungsprozesse hinaus muss auch die Interaktionen zwischen Fahrern und Automationssystemen strukturiert analysiert werden. In der Regel sind die Hauptursachen (Auslöser) des vorhersehbaren Fehlgebrauchs in einer unzureichenden Gestaltung des Interfaces zwischen Fahrer und technischen System, bzw. Fahrzeug begründet. Hierbei sind zum Beispiel die folgenden Aspekte zu betrachten:

- *Systembedienung des Fahrers* (das heißt, Fahrer wirken über die Fahrer-Fahrzeug-Schnittstelle auf das Fahrzeug ein, indem diese im Rahmen der Umsetzung der Fahraufgabe Bedienhandlungen wie zum Beispiel Lenken ausführen)
- *Warnmeldung des Systems* (das heißt, Fahrer bekommen von sicherheitsrelevanten elektronischen Steuerungssystemen Informationen dargeboten, auf die sie im Kontext der Fahraufgabe angemessen reagieren müssen)
- *Rückkopplung des Fahrzeugs* im Sinne des Fahrzeugverhaltens (das heißt, Fahrer nehmen das Fahrzeugverhalten wie beispielsweise die tatsächlich realisierte Beschleunigung, Verzögerung oder unerwartete fahrdynamische Effekte wie Schlingern wahr).

In der Sicherheitsforschung hat sich mit der Methode STAMP/STPA (System-Theoretic Accident Model and Processes/Systems-Theoretic Process Analysis) die Modellierung von Kontrollstrukturen (englisch: control structures) als wirkungsvolles Beschreibungsmittel etabliert, welche auch für die Analyse des vorhersehbaren Fehlgebrauchs verwendet werden kann (vgl. Leveson 2012).

2.2 Determinanten menschlicher Leistungsfähigkeit

Die menschliche Leistungsfähigkeit wird von vielen Parametern determiniert. Diese Parameter sind im Folgenden definiert und erläutert.

2.2.1 Menschliches Vertrauen in technische Systeme

Menschliches Vertrauen in Assistenz- und Automationssysteme, die gemeinsam mit Menschen Aufgaben erledigen, kann kritisch für die erfolgreiche Erledigung der Aufgabe sein (vgl. Parasuraman und Riley 1997). Vertrauen wird relevant, wenn die Komplexität der Systeme steigt und die Systeme daher nur noch teilweise beobachtbar sind (vgl. Lee und See 2004). Vertrauen ersetzt nämlich genau dann die Überwachung der Systeme und zeigt die Bereitschaft, eine Interaktion einzugehen, obwohl diese Interaktion zum Schaden des Vertrauenden führen kann (vgl. Johns 1996; Mayer et al. 1995). Vertrauen bestimmt also das Verhalten der Menschen gegenüber der Fahrzeugautomation. Die Fähigkeiten der technischen Systeme zeigen, ob das an den Tag gelegte menschliche Vertrauen in die Systeme gerechtfertigt ist oder nicht (vgl. Lee und See 2004). Hierbei ist die Verlässlichkeit der technischen Systeme zentral.

Verlässlichkeit *Verlässlichkeit* wird in einem ingenieurswissenschaftlichen Verständnis als Zusammenfassung der Eigenschaften Reliability (Zuverlässigkeit), Availability (Verfügbarkeit), Maintainability (Instandhaltbarkeit), Safety (Sicherheit der Umwelt vor Auswirkungen eines möglichen Systemversagens) und Security (Schutz des Systems vor unberechtigten Zugriffen Dritter, Angriffssicherheit) verstanden. Hierfür hat sich das Akronym RAMSS etabliert, welches die Anfangsbuchstaben der englischen Bezeichnungen zuvor aufgeführter Systemeigenschaften zusammenfasst.

Eine hohe Verlässlichkeit des Systems fördert das Vertrauen des Menschen. Eine geringe Verlässlichkeit (zum Beispiel durch häufige Ausfälle, also eine geringe Zuverlässigkeit) stellen das Vertrauen infrage. Das Ausmaß des Vertrauens entspricht somit den Fähigkeiten des Systems. Wenn dies nicht der Fall ist, entstehen sicherheitskritische Konsequenzen:

- Wenn Menschen den Systemen zu sehr vertrauen (zum Beispiel bei sehr hoher Verlässlichkeit), entsteht sogenannter *Automation Misuse.*
- Wenn Menschen den Systemen zu wenig vertrauen (zum Beispiel bei geringerer Verlässlichkeit), entsteht *Automation Disuse.*

Bei *Automation Disuse* deaktivieren Menschen Assistenz- und Automationssysteme, wenn Menschen den Systemen eine zur Disposition stehende Leistung fälschlicherweise nicht zutrauen (Parasuraman und Riley 1997). So entgingen Firmen deutliche Gewinne, da menschliche Operateure Regler zur optimierten Herstellung von Produkten fälschlicherweise abschalteten (Zuboff 1988). Besonders relevant ist dieser Effekt des Automation Disuse im Bereich des Führens von Kraftfahrzeugen. So überschätzen Menschen die eigenen Fähigkeiten insbesondere was die eigene Fahrleistungsfähigkeit angeht (vgl. auch De Craen 2010). Werden dann aber Assistenz- und Automationssysteme eingeführt, so akzeptieren Menschen diese Systeme nur, wenn sie – in der subjektiven Wahrnehmung – die eigene Leistung verbessern (vgl. auch Jipp 2014). Ist dies nicht der Fall, dann sinkt das Vertrauen in die Systeme. Es wächst die Gefahr, dass Menschen die Assistenz- und Automationssysteme abschalten oder diese ignorieren, sollte ein einfaches Abschalten der Systeme durch eine entsprechende Systemgestaltung verhindert werden. Der menschlichen Kreativität sind hier keine Grenzen gesetzt!

Bei *Automation Misuse* werden Menschen gegenüber Systemen zu unkritisch. Sie gehen davon aus, dass die Systeme seltener ausfallen und bemerken somit unter Umständen einen Systemausfall nicht mehr (Parasuraman und Riley 1997). Ein prominentes Beispiel hierfür ist das Versagen des automatischen Navigationssystems des Kreuzfahrtschiffs Royal Majesty. Die Crew bemerkte das Versagen nicht, sodass das Schiff 24 Stunden lang einer falschen Route folgte, so lange, bis es auf Grund lief (vgl. National Transportation Safety Board 1997).

Ziel der Systemgestaltung sollte es daher sein, Automation Misuse und Disuse von Assistenz- und Automationssystemen zu vermeiden und sicherzustellen, dass menschliches Vertrauen optimal kalibriert ist, also entsprechend der Systemfähigkeiten ausgeprägt ist (Lee und See 2004). Lee und See (2004) zeigten auf, wie die Mensch-Maschine-Systeme ausgestaltet sein müssen, sodass das menschliche Vertrauen in technische Systeme gut kalibriert ist:

- Das Interface sollte die *vergangene Leistungsfähigkeit des Systems* darstellen. Im Fall eines automatisierten Fahrzeugs sollte das Interface seinem Nutzer zum Beispiel Informationen darüber zur Verfügung stellen, wie häufig die Zielposition erfolgreich erreicht wurde oder wie häufig die Automation die Kontrolle wider Erwarten an den Nutzer zurück übergeben musste.
- Das Interface sollte die *Situationsabhängigkeit der Leistungsfähigkeit der Systeme* darstellen. Im Fall des automatisierten Fahrzeugs sollte zum Beispiel dargestellt werden, dass die Leistung des Systems abhängig von der gewählten Route bzw. vom aktuellen Wetter ist. So sollte zum Beispiel angezeigt werden, dass das Fahrzeug auf der Autobahn die Kontrolle weniger häufig an den Nutzer zurückgibt – im Vergleich zur Landstraße.
- Das Interface sollte die *Logik der Algorithmen für Menschen verständlich erläutern.* Im Fall des automatisierten Fahrzeugs, welches zum Beispiel mit Verkehrsinfrastruktur kommunizieren und seine eigene Geschwindigkeit entsprechend anpassen kann, um den Verkehrsfluss zu optimieren, sollte das Interface anzeigen, welche Informationen von der Umgebung empfangen werden und wie diese benutzt werden, um die eigene Geschwindigkeit zu optimieren.

- Das Interface sollte ein *Training der Menschen* ermöglichen, die mit den Systemen interagieren. Das automatisierte System sollte zum Beispiel Fahrern bei manuellen Fahrten Hinweise darüber geben, wie sicher oder ressourceneffizient die eigene Fahrweise war.

2.2.2 Situationsbewusstsein

Das Situationsbewusstsein ist insbesondere in der Human-Factors Forschung ein viel untersuchtes und bedeutendes Konstrukt (vgl. z. B. Jipp und Ackerman 2016). Eine Situation ist gemäß Pew (2000) ein Set von Umweltbedingungen und Systemzuständen, mit denen Personen interagieren und die über Informationen, Wissen und Antwortoptionen charakterisiert werden. Das Situationsbewusstsein beschreibt dementsprechend das Bewusstsein über das Wissen und die Informationen, die mit jeder Situation verbunden sind (Endsley 1995). Endsley (1995) unterschied zum Beispiel drei Ebenen des Situationsbewusstseins (vgl. Abb. 2.2):

- Auf der ersten Ebene steht dabei die Wahrnehmung aller *relevanten Variablen einer Situation.* So ist es zum Beispiel für einen Fahrer essentiell wahrzunehmen, dass die Bremsleuchten des vorausfahrenden Fahrzeugs aufleuchten. Eine Veränderung der Vegetation außerhalb der Fahrbahn wäre hingegen für den Fahrer irrelevant.
- Auf der zweiten Ebene steht das *Verständnis der Bedeutung der Variablen.* Im Beispiel der aufleuchtenden Bremsleuchten des vorausfahrenden Fahrzeugs

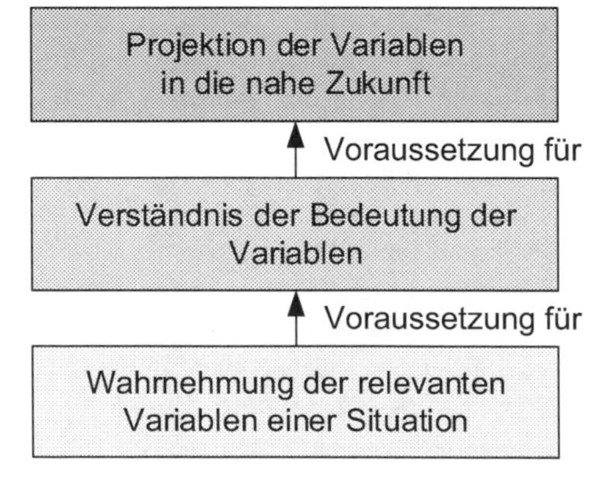

Abb. 2.2 Ebenen des Situationsbewusstseins gemäß Endsley (1995)

sollte der Fahrer erkennen, dass dies ein Anzeichen dafür ist, dass das vorausfahrende Fahrzeug seine Geschwindigkeit verringert.

- Auf der dritten Ebene steht die *Projektion der Variablen in die nahe Zukunft.* Im Beispiel sollte der Fahrer einschätzen können, wie schnell sich die Distanz zum eigenen Fahrzeug verringert, um dann entscheiden zu können, ob eine Bremsung des eigenen Fahrzeugs notwendig ist oder nicht.

Diese Beschreibung zeigt, dass das Vorhandensein eines adäquaten Situationsbewusstseins ein wichtiger Prädiktor für korrektes Handeln ist (s. auch Onnasch et al. 2014; Pritchett und Hansmann 2000). Herangezogen wurde das Situationsbewusstsein insbesondere, um Beinaheunfälle und Unfälle zu untersuchen (z. B. Durso et al. 1998) sowie um vorherzusagen, inwieweit Menschen in der Lage sind, adäquat auf technische Fehler zu reagieren (z. B. Endsley und Kiris 1995). Es ist daher auch nicht überraschend, dass Parasuraman, Sheridan und Wickens (2008) das Konstrukt des Situationsbewusstseins als nützlich für das Verständnis und für die Vorhersage menschlichen Verhaltens darstellten.

2.2.3 Belastung und subjektiv wahrgenommene Beanspruchung

Belastung und *Beanspruchung* beschreiben die Anforderungen, mit denen Menschen konfrontiert sind und deren Reaktion auf diese Anforderungen.

- Die objektiven Anforderungen, die aus einer Aufgabe resultieren, werden dabei als *Belastung* bezeichnet (vgl. auch ISO 2017; Hart und Staveland 1988; Rohmert 1984). Die Belastung steigt demnach zum Beispiel, wenn die zeitlichen Aufgabenanforderungen steigen.
- Menschen nehmen die objektiven Anforderungen wahr und reagieren auf die Belastung mit *Beanspruchung*. Diese Beanspruchung kann positiv im Sinne von Aktivierung oder negativ im Sinn von Stress erlebt werden. In beiden Fällen führt die Beanspruchung dazu, dass sich der Körper auf eine Reaktion vorbereitet. Es werden also – je nach Aufgabe – physische, emotionale oder mentale Funktionen aktiviert.

Die menschliche Leistung hängt von der Belastung und Beanspruchung ab: Der Zusammenhang zwischen Leistung und Belastung wird dabei von individuellen Fähigkeiten determiniert (z. B. Jipp 2016; Jipp und Ackerman 2016; Jipp et al. 2008). Fähigkeiten gelten als angeboren (z. B. Martzog 2015). Beispiele für

Fähigkeiten sind Intelligenz und Arbeitsgedächtniskapazität. Personen, die höhere Fähigkeiten besitzen, sind in der Lage, besser mit anspruchsvolleren Aufgaben, also mit einer höheren Belastung umzugehen. Demnach zeigen sich hier folgende Zusammenhänge:

- Liegen die Belastungen über der Leistungsfähigkeit des Menschen, so sinkt die Wahrscheinlichkeit einer adäquaten Handlung (vgl. auch Abschn. 2.1.1). Fährt zum Beispiel eine Person in einer unbekannten Stadt in einem fremden Land über eine komplexe Kreuzung, so steigt die Belastung. Ist der Fahrer (aus welchen Gründen auch immer) nicht in der Lage, mit dieser Belastung umzugehen, steigt die Wahrscheinlichkeit eines falschen Fahrmanövers.
- Liegen die Belastungen, die mit der der Aufgabe einhergehen, unter der Leistungsfähigkeit des Menschen, so steigt die Wahrscheinlichkeit einer adäquaten menschlichen Reaktion.

Dieses Zusammenwirken zwischen Fähigkeiten und Leistung kann durch Fertigkeiten verändert werden. Fertigkeiten sind Handlungsroutinen von Menschen, die den kognitiven Apparat des Menschen entlasten (Ackerman 1988; Hoffman et al. 2014). Fährt der Fahrer zum Beispiel ab sofort täglich über die komplexe Kreuzung, so entwickelt der Fahrer entsprechende Handlungsroutinen. Die Belastung sinkt und parallel dazu die Wahrscheinlichkeit einer Fehlhandlung. Weitere Beispiele für einen gezielten Erwerb von Fertigkeiten sind der vorgeschriebene Umfang an Fahrpraxis im Rahmen der Fahrschulausbildung. Auch beim begleiteten Fahren ab 17 Jahren mit einem Erziehungsberechtigten Fahrer mit Fahrpraxis verfolgt das gleiche Ziel eines strukturierten Erwerbs von Handlungsroutinen (z. B. De Craen 2010).

Der Zusammenhang zwischen Beanspruchung und Leistung ist weniger eindeutig (vgl. auch Ribback 2003): So sorgt Beanspruchung dafür, dass dem Körper Energie für die Erbringung einer Leistung bereitgestellt wird.

- Ist die Beanspruchung zu gering, sinkt das Energieniveau unter eine kritische Grenze und die menschliche Leistung sinkt.
- Ist die Beanspruchung zu groß, steigt das Energieniveau über eine kritische Grenze, sodass auch dann die Wahrscheinlichkeit einer adäquaten menschlichen Handlung sinkt.

Dieser umgekehrt u-förmige Zusammenhang (s. Abb. 2.3) zwischen Beanspruchung und Leistung wird als Yerkes-Dodson-Regel bezeichnet (s. Yerkes und Dodson 1908; Ribback 2003), wurde aber im Laufe der Jahre nach und nach erweitert. So

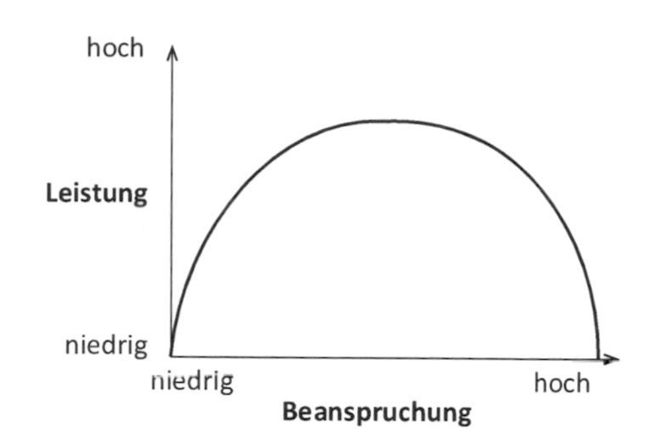

Abb. 2.3 Umgekehrt u-förmiger Zusammenhang zwischen Beanspruchung und Leistung (s. Yerkes und Dodson 1908)

postulierte Eggemeier (1988), dass die menschliche Leistung erst dann schlechter wird, wenn die Beanspruchung für einen gewissen Zeitraum über einer bestimmten Beanspruchungsgrenze liegt. Überbeanspruchung kann also für einen bestimmten Zeitraum durch einen hohen Aufwand auf Seite des Menschen ausgeglichen werden. Erst, wenn dieser Zeitraum überschritten wird, sinkt die menschliche Leistung. Gilt es jedoch, menschliche Leistung zu optimieren, sollte sowohl die Belastung als auch die Beanspruchung in einem mittleren Niveau gehalten werden.

2.2.4 Usability

Usability ist ein anerkannter Qualitätsaspekt von Softwareprodukten und interaktiven Geräten (vgl. auch ISO 2011; Burmester 2006). Usability wird insbesondere in DIN EN ISO 9241 (ISO 2011) als das Ausmaß definiert, in dem ein Produkt in einem Kontext genutzt werden kann, um Ziele effektiv, effizient und zufriedenstellend zu erreichen:

- Die *Effektivität* beschreibt die Genauigkeit und Vollständigkeit, mit der Fahrer ein bestimmtes Ziel erreichen können. Bewertet man zum Beispiel die Effektivität eines Navigationsgeräts im Fahrzeug, dann kann dieses Kriterium zum Beispiel mithilfe der Distanz zum Zielort bei der Ankunft quantifiziert werden.
- Die *Effizienz* beschreibt den Aufwand (im Verhältnis zur Genauigkeit und Vollständigkeit), mit dem Fahrer ein bestimmtes Ziel erreichen können. Ein Maß für die Effizienz wäre zum Beispiel den Zeitaufwand der Fahrer, um ein Ziel in das Navigationsgerät einzuprogrammieren.

- Den *Grad der Zufriedenheit* der Fahrer beschreibt die Akzeptanz der Nutzung. Quantifiziert werden kann dieses Ziel zum Beispiel über die Anzahl der Beschwerden über das Navigationsgerät.

Ein *Usability-Problem* (Lavery et al. 1997) liegt vor, wenn es Aspekte eines Systems einem Nutzer mit ausreichender Erfahrung unmöglich, ineffizient, beschwerlich oder unangenehm machen, in einem typischen Anwendungsszenario ein Ziel zu erreichen, für dessen Erreichen das System gestaltet wurde. Usability-Probleme sollten vermieden werden, denn sie reduzieren die menschliche Leistungsfähigkeit, belasten Menschen, führen zu Imageverlusten und somit auch zu Umsatzverlusten (z. B. Dahm 2006). Usability-Probleme können vermieden werden, indem zum Beispiel bei der Gestaltung eines Dialogs zwischen Mensch und Maschine die Kriterien der Selbstbeschreibungsfähigkeit, Steuerbarkeit, Erwartungskonformität, Fehlertoleranz, Aufgabenangemessenheit, Individualisierbarkeit und Lernförderlichkeit gemäß DIN EN ISO 9241 (ISO 2011) berücksichtigt werden.

3 Qualitätskriterien der Eigenschaftsabsicherung durch empirische Evidenz

Im Rahmen der Risikoanalyse in der Konzeptphase der Entwicklung sicherheitsrelevanter elektronischer Steuerungssysteme für Kraftfahrzeuge werden Entscheidungen zum Beispiel über die menschliche Kontrollierbarkeit von Fahrsituationen getroffen. Solche Entscheidungen sollten auf empirischen Daten basieren. Soll zum Beispiel festgelegt werden, ob mehr als 90 % der Menschen in der Lage sind, das Fahrzeug im Falle eines Versagens von Scheinwerfern in der Nacht bei einer Fahrt mit mittlerer Geschwindigkeit auf einer unbeleuchteten Straße zu kontrollieren, werden für gewöhnlich Studien geplant, durchgeführt und ausgewertet. Das heißt, Probanden werden gebeten, in einer Simulation ein Fahrszenario zu absolvieren, im Rahmen dessen dann der Ausfall der Scheinwerfer simuliert wird. Es wird gemessen, wie viele Menschen in der Lage sind, diese Fahrsituation tatsächlich zu beherrschen. Das Vorliegen einer solchen Datenbasis garantiert aber noch nicht, dass darauf aufbauende Entscheidungen valide Aussagen über menschliches Verhalten erlauben. Dies ist erst dann gegeben, wenn die Datenerhebung und -auswertung bestimmte Qualitätskriterien erfüllt (vgl. auch Shadish et al. 2001). Im Rahmen dieses Kapitels werden diese Qualitätskriterien erläutert.

3.1 Interne Validität

Die *interne Validität* beschreibt die Fähigkeit, Veränderungen in den gemessenen Variablen eindeutig auf eine Manipulation in einer sogenannten *unabhängigen Variable* zurückführen zu können (s. Shadish et al. 2001). Geht es also zum Beispiel darum, die Fähigkeit der Fahrer zu erfassen, die Kontrolle über die Fahrsituation zu behalten, wenn ein Scheinwerfer ausfällt, so ist zunächst in einem Fahrszenario die menschliche Leistung zu messen. Die menschliche Leistung

© Springer Fachmedien Wiesbaden GmbH, ein Teil von Springer Nature 2020

M. Jipp und L. Schnieder, *Fahrtests unter Realbedingungen*, essentials,
https://doi.org/10.1007/978-3-658-29420-5_3

hängt aber, wie in Kap. 2 beschrieben, nicht nur vom Systemzustand des Scheinwerfers ab, sondern auch von weiteren Faktoren (wie zum Beispiel dem Zustand der Straße sowie der Müdigkeit des Fahrers). Es geht also bei der Datenerhebung in erster Linie darum, möglichst alle anderen Einflüsse, die einen Effekt auf die menschliche Leistung haben können, auszugleichen.

Zu beachten sind hierbei folgende Faktoren (vgl. auch Shadish et al. 2001):

- Das *zwischenzeitliche Geschehen* beschreibt Ereignisse, die während der Datenerhebung passieren und das Verhalten einer Teilstichprobe beeinflussen können. Findet zum Beispiel nach der Erhebung der Daten an einer Teilstichprobe ein schwerer Unfall statt, über den in der Öffentlichkeit umfassend diskutiert wird, so kann davon ausgegangen werden, dass die verbleibende Teilstichprobe von dieser Diskussion beeinflusst wird und somit das eigene Fahrverhalten anpasst. Die Ergebnisse der beiden Teilstichproben sind also nicht mehr vergleichbar. Es ist daher essentiell, mit mehreren Stichproben zu arbeiten: *Kontrollstichproben,* die keinen Ausfall des Scheinwerfers erleben und *Experimentalstichproben,* die einen Ausfall erleben. Ist das Verhalten der beiden Stichproben vor dem Ausfall statistisch vergleichbar, kann davon ausgegangen werden, dass die interne Validität der Datenerhebung durch zwischenzeitliches Geschehen nicht beeinflusst wird. Die Stichproben dürfen dann auch nicht zeitlich nacheinander erhoben werden. An einem Tag ist per Zufall auszuwählen, ob Daten für die Kontrollstichprobe oder für die Experimentalstichprobe erhoben werden. Darüber hinaus sind die Probanden per Zufall der Stichprobe zuzuordnen.
- *Reifungsprozesse während der Datenerhebung* verändern das Verhalten. Wird zum Beispiel nach der Erhebung der Daten an einer Teilstichprobe die Konfiguration des Versuchsfahrzeugs verändert, also beispielsweise das Lenkrad des Fahrzeugs ausgetauscht oder eine Software mit einem anderen zeitlichen Verhalten des Lenksystems eingespielt, so kann dies ein anderes Fahrverhalten verursachen. Dies kann dazu führen, dass die Ergebnisse mit dem alten und neuen Lenkrad nicht vergleichbar sind. Auch dadurch sinkt die interne Validität. Eine Maßnahme zur Vermeidung solcher Reifungsprozesse ist das Ablehnen jeglicher Veränderung der technischen Konfiguration des Versuchssettings, sobald die Datenerhebung gestartet wurde.
- Das *Testen an sich verändert menschliches Verhalten.* So fahren Menschen vorsichtiger, wenn ihnen zum Beispiel bewusst wird, dass gleich ein Scheinwerfer ausfallen könnte. Gerade in einem solchen Setting sind Versuchsbedingungen also bei einer Person nicht wiederholbar.

- Die *Prüfmittel* können sich im Laufe der Messung verändern. Die Prüfmittel müssen also auch während der Datenerhebung regelmäßig in Bezug auf ihre Messgenauigkeit überprüft und gegebenenfalls regelmäßig kalibriert werden. Alternativ dazu können gleichzeitig mehrere Prüfmittel eingesetzt werden, die das gleiche Konstrukt erfassen. Unterschiede in den Ergebnissen dürfen dann nicht existieren.
- Eine *statistische Regression* kann die interne Validität negativ beeinflussen. Wenn von einer Person mehrere Datenpunkte erhoben werden und diese Person Extremwerte aufweist, so ist davon auszugehen, dass bei einer erneuten Messung die Werte in Richtung Mittelwert „wandern". Der Hintergrund hiervon ist, dass man bei der Messung davon ausgeht, dass sich der gemessene Wert aus einem wahren Wert und einem Zufallsfehler zusammensetzt. Der beste Schätzer für den wahren Wert ist der Mittelwert. Insofern ist der Zufallsfehler bei einem extremen Wert größer und bei einer erneuten Messung kleiner. Die Folge davon ist, dass der Wert in Richtung Mittelwert „wandert". Diesem Effekt lässt sich begegnen, indem das gleiche Konstrukt mit verschiedenen Messinstrumenten erfasst wird. Ist es zum Beispiel das Ziel die Beanspruchung des Menschen zu messen, dann sollte hierfür nicht nur ein Fragebogen verwendet werden, sondern zeitgleich zum Beispiel auch noch physiologische Maße wie die Herzratenvariabilität erfasst werden. Der Zufallsfehler beider Messwerte ist unabhängig voneinander. Eine Addition der standardisierten Messwerte führt also zu einem besseren Schätzer für den wahren Wert der Beanspruchung.
- Die *Auswahl der Personen* kann die interne Validität negativ beeinflussen. Wenn zum Beispiel alle Personen, die den Ausfall des Scheinwerfers in der Simulation erleben, Testfahrer sind und alle Personen, die keinen Ausfall erleben, Menschen mit einer schlechteren Fahrfähigkeit, dann wird die Kontrollierbarkeit des Szenarios deutlich überschätzt. Eine Maßnahme gegen diesen Fehler ist die zufällige Zuordnung von Probanden zur Kontroll- und Experimentalgruppe.
- Das *Einbüßen von Probanden* kann ebenfalls zu einer Bedrohung der internen Validität führen. So ist die Simulationsfahrt für die Probanden der Experimentalgruppe schwieriger, denn deren Scheinwerfer fällt aus. Brechen diese Probanden daher die Datenerhebung ab, dann entsteht eine systematische Verzerrung, die wiederum die interne Validität bedroht.

Diese Bedrohungen der internen Validität können sich auch wechselseitig beeinflussen, was die Lage nicht einfacher macht.

Empfehlung

Empfohlen werden die folgenden Maßnahmen:

- Bildung einer Kontroll- und Experimentalgruppe
- Zufällige Zuweisung von Probanden auf die Kontroll- und die Experimentalgruppen
- Sicherstellung der Vergleichbarkeit der Kontroll- und der Experimentalgruppe durch einen Vortest
- Vergleich der Daten vor der Datenerhebung (bestehen signifikante Unterschiede?)
- Sicherstellung der Vergleichbarkeit der beiden Gruppen durch einen Nachtest
- Sorgfältige Auswahl und Verwendung von Mess- und Prüfmitteln (Verwendung mehrerer Prüfmittel, Verwendung verschiedener Prüfmittel, regelmäßige Kalibrierung der Prüfmittel)

Wenn die Daten aus dem Vor- und Nachtest der beiden Gruppen vergleichbar sind und die Daten der eigentlichen Datenerhebung einen signifikanten Unterschied aufweisen, kann davon ausgegangen werden, dass die interne Validität gegeben ist (vgl. Shadish et al. 2001).

3.2 Externe Validität

Die *externe Validität* beschreibt die Übertragbarkeit der Ergebnisse auf andere Personen, andere Situationen und andere Zeitpunkte (vgl. Shadish et al. 2001). Eine Datenerhebung findet grundsätzlich an einer Stichprobe statt. Eine Stichprobe kann nach verschiedenen Merkmalen zusammengestellt werden:

- Personen (beispielsweise männliche oder weibliche Probanden in verschiedenen Altersstufen)
- Situationen (beispielsweise verschiedene Verkehrssituationen)
- Zeitpunkte (beispielsweise verschiedene Jahres- oder Tageszeiten)

Das Ergebnis der Stichprobe ist nicht primär von Interesse. Es interessiert vielmehr das Ergebnis der Gesamtpopulation. Ist also eine Stichprobe repräsentativ für die Gesamtpopulation, ist eine Übertragbarkeit der Ergebnisse gegeben. Findet eine Selektion statt, ist die externe Validität gefährdet.

Soll zum Beispiel wieder untersucht werden, wie viele Menschen in der Lage sind, trotz eines ausgefallenen Scheinwerfers bei mittlerer Geschwindigkeit auf einer Landstraße bei Nacht sicher an einen Zielort zu gelangen, so kann dies in der Tat in der Simulation untersucht werden. Wird dort jedoch die Nacht simuliert, ist der Simulator aber in eine helle Umgebung eingebettet, wird das Ergebnis nicht auf eine tatsächlich dunkle Landstraße übertragbar sein. Die externe Validität ist dann also nicht gegeben.

Empfehlung

Die externe Validität kann durch die folgenden Maßnahmen sichergestellt werden:

- Gewährleistung der Repräsentativität der Stichprobe, sodass es möglich ist, aus einer kleinen Stichprobe Aussagen über die Grundgesamtheit zu treffen
- Einhaltung des Prinzips der Oberflächenähnlichkeit: Je ähnlicher sich die Studiensituation und die interessierende Situation sind, desto geringer ist die Bedrohung der externen Validität

3.3 Statistische Validität

Die *statistische Validität* beschreibt die Gültigkeit der Rückschlüsse aus der Datenauswertung. Insgesamt gibt es vier Faktoren, welche die statistische Validität bedrohen können:

- *Zu kleine Stichprobe:* Soll wiederum untersucht werden, ob Menschen in der Lage sind, eine Fahrsituation mit einem ausgefallenen Scheinwerfer auf der dunklen Landstraße zu kontrollieren, und wird dies mithilfe eines Vergleichs einer Kontroll- und Experimentalgruppe untersucht, so können kleine Stichproben dazu führen, dass die Unterschiede zwischen Kontroll- und Experimentalgruppe unter- oder überschätzt werden. Wichtig ist hier also, dass die zu untersuchende Stichprobe groß genug ist (vgl. Cohen 1988; Shadish et al. 2001).
- *Messfehler der Mess- und Prüfmittel:* Die statistische Validität ist bedroht, wenn Messinstrumente mit einem großen Messfehler eingesetzt werden. Auch hier gilt es, die Prüfinstrumente regelmäßig zu überprüfen und deren Messfehler zu bestimmen.

- *Zu geringe Teststärke:* Auch eine zu geringe Teststärke kann die statistische Validität der Ergebnisse negativ beeinflussen (vgl. Cohen 1988; Shadish et al. 2001). Wird zum Beispiel die Kontrollierbarkeit der Situation bei ausgefallenem Scheinwerfer hin und wieder bei nasser oder bei trockener Fahrbahn untersucht, so erhöht dies die Fehlervarianz und verringert die Aussagekraft darüber, ob die Kontrollierbarkeit der Situation bei trockener Fahrbahn in der Dunkelheit gegeben ist.
- Zuletzt ist die *statistische Validität* gefährdet, wenn bei der Datenauswertung so lange mit den Daten „gespielt" wird, bis ein Effekt gefunden wird. Es gilt hier, vor der Datenerhebung eine Analysemethode begründet auszuwählen, mit deren Hilfe die zu erhebenden Daten ausgewertet werden sollen. Genau diese ausgewählte Analysemethode gilt es stringent anzuwenden. Falls das Ergebnis *nicht* dem erwarteten Ergebnis entspricht, darf auf gar keinen Fall mit statistischen Methoden experimentiert werden, um doch das gewünschte Ergebnis zu finden!

Empfehlung

Die statistische Validität kann durch die folgenden Maßnahmen sichergestellt werden:

- Auswahl einer ausreichend großen Stichprobe (Anzahl der Personen)
- Regelmäßige Funktionsprüfung der Mess- und Prüfmittel sowie Bestimmung des Messfehlers
- Sicherstellung, dass die Fehlervarianz während der Datenerhebung möglichst klein ist
- begründete Auswahl einer Analysemethode im Vorfeld der Datenerhebung und strikte Auswertung der Daten mit der vorab ausgewählten Analysemethode

3.4 Konstruktvalidität

Die *Konstruktvalidität* beschreibt die Gültigkeit der Rückschlüsse von der tatsächlichen Operationalisierung auf Konstrukte höherer Ordnung. Wenn es zum Beispiel wiederum darum geht, die Kontrollierbarkeit der Situation bei ausgefallenem Scheinwerfer zu untersuchen, dann ist das Konstrukt höherer Ordnung die Kontrollierbarkeit der Situation. Wenn nun zum Beispiel mit Hilfe eines Fragebogens erfasst wird, ob die Person die Usability des Scheinwerfers positiv bewertet, dann ist ein Rückschluss dieser Antworten auf die Kontrollierbarkeit der Situation nicht geeignet und die Konstruktvalidität gefährdet. Usability beschreibt nämlich gemäß Abschn. 2.2.4 nicht die Kontrollierbarkeit der Situation.

Empfehlung

Zur Sicherstellung der Konstruktvalidität ist es am besten, mehrere Konstrukte höherer Ordnung jeweils mit mehreren Instrumenten zu erfassen. Die Ergebnisse können dann in einer sogenannten *Multitrait-Multimethod-Matrix* (vgl. z. B. Campbell und Fiske 1959; Eid et al. 2006) zusammengefasst werden. Ein *Trait* beschreibt das Konstrukt höherer Ordnung, welches mit mehreren Messinstrumenten erfasst wird. In den Zellen sehen die Korrelationen der einzelnen Messreihen. Die Instrumente, die das gleiche Konstrukt höherer Ordnung erfasst haben, sollten dabei die höchsten Korrelationen aufweisen. Ist dies gegeben, kann von Konstruktvalidität ausgegangen werden (vgl. Shadish et al. 2001).

Empirische Evidenz

4

Im Rahmen von diesem Kapitel werden die Methoden erläutert, die eingesetzt werden können, um empirische Evidenz über menschliches Verhalten und menschliche Leistungsfähigkeit im Verkehr zu erhalten. Infrage kommen hier insbesondere Simulationsstudien, Laborstudien sowie Feldstudien. Diese Methoden sowie deren spezifische Ausprägungen werden außerdem basierend auf den Kriterien der internen, externen und statistischen Validität sowie der Konstruktvalidität abschließend bewertet.

4.1 Simulationsstudien

Assistenz- und Automationssysteme können in Simulationen auf deren Wirkung hin untersucht werden. Simulationen arbeiten zunächst mit Verkehrsmodellen, die je nach Betrachtungstiefe den Verkehr mikroskopisch, mesoskopisch oder makroskopisch abbilden können (z. B. Dallmeyer 2014):

- *Mikroskopische Modelle* bilden die Einheit zwischen Fahrer und Fahrzeug ab. Ein Beispiel für ein solches Modell ist das Nagel-Schreckenberg-Modell, welches erklären konnte, warum ein Stau aus dem Nichts heraus entstehen kann, wenn Sicherheitsabstände nicht eingehalten werden (Nagel und Schreckenberg 1992).
- *Mesoskopische Modelle* verbinden mikroskopische und makroskopische Elemente im Verkehr in einer Simulation. So könnte zum Beispiel der Verkehr in einem Quartier einer größeren Stadt mikroskopisch simuliert werden, der Umgebungsverkehr makroskopisch.
- *Makroskopische Modelle* bilden den Verkehr in seiner Masse ab. Vorhergesagt werden kann damit zum Beispiel die mittlere Geschwindigkeit des Verkehrs.

© Springer Fachmedien Wiesbaden GmbH, ein Teil von Springer Nature 2020

M. Jipp und L. Schnieder, *Fahrtests unter Realbedingungen*, essentials,
https://doi.org/10.1007/978-3-658-29420-5_4

Simulationen können genutzt werden, um ressourceneffizient Informationen über die Wirkmechanismen von Assistenz- und Automationssystemen zu erreichen. Wird zum Beispiel ein Assistenzsystem entwickelt, welches Fahrern im Annäherungsverhalten an eine komplexe Kreuzung Informationen über die ideale Geschwindigkeit gibt, so können mikroskopische und mesoskopische Modelle Aussagen darüber liefern, inwieweit sich der Durchfluss über eine Kreuzung verändern kann, wenn ein bestimmter Durchdringungsgrad der Assistenzsysteme erreicht wird (Bengler et al. 2017).

Für den Einsatz von Simulationen kann es mehrere Gründe geben:

- *Eine Untersuchung am realen System wäre zu aufwendig,* zu teueroder – weil das zu entwickelnde System technisch noch nicht ausgereift ist – zu gefährlich und ethisch nicht vertretbar.
- *Das reale System existiert (noch) nicht.* Das heißt, es können frühzeitig in der Systementwicklung verschiedene Ausprägungen eines Systems untersucht werden. Wird die grundsätzliche Eignung eines Systemkonzepts simulativ nachgewiesen, können auf dieser Grundlage Anforderungen für die nachfolgende Systemimplementierung abgeleitet werden.
- *Das reale System ist unverstanden oder sehr komplex,* so können beispielsweise die Interaktion und Kooperation des Fahrers mit dem Fahrzeug oder seinem Verkehrsumfeld (Fußgänger, Fahrradfahrer oder andere Fahrzeuge) untersucht werden.
- Parameter der Simulation können *wesentlich leichter modifiziert werden* als im realen System. Es können also in der Simulation gezielt verschiedene Systemkonfigurationen erprobt werden, bevor diese in realer Soft- und Hardware implementiert werden.
- Simulationen sind *reproduzierbar,* das heißt, es können bewusst Situationen nachgestellt werden, um hieraus statistisch valide Aussagen zu erhalten.

Bewertung des Einsatzes von Simulationen

Beim Einsatz der Simulation ist Vorsicht angebracht: Eine hohe *statistische Validität* ist verhältnismäßig leicht zu erreichen. Insbesondere mithilfe des Einsatzes von Schnellzeitsimulationen lässt sich schnell eine Datenmenge erheben, die valide mit Hilfe von inferenzstatistischen Methoden auszuwerten ist.

Die *interne und externe Validität* ist nicht einfach zu realisieren: Verhalten sich – simulierte – Verkehrsteilnehmer so, wie sich reale Verkehrsteilnehmer verhalten würden? Gerade wenn es darum geht, die Einführung neuer Systeme zu testen, ist fraglich, ob die Modelle, die verfügbar sind, auch auf die geänderten Systeme übertragbar sind. Erst, wenn eine solche Übertragbarkeit abgesichert ist, kann eine Simulation zu intern validen und extern validen Ergebnissen führen.

Die *Konstruktvalidität* hängt stark davon ab, ob die Maße, die während der Simulation gemessen werden, dem Interesse der Stakeholder entsprechen. Geht es zum Beispiel darum, die Beanspruchung des Fahrers durch Assistenzsysteme zu reduzieren, wird eine Simulation kaum zu validen Ergebnissen kommen können, denn hier spielt die subjektive Bewertung eine Rolle, die in kaum einer Verkehrssimulation als Ausgangsparameter geliefert wird.

4.2 Laborstudien

Laborstudien sind dadurch charakterisiert, dass sie in einer künstlichen Umgebung durchgeführt werden. So werden Probanden für gewöhnlich in eine Laborumgebung eingeladen, um in einem Simulator ein oder mehrere Fahrszenarien zu absolvieren (vgl. Jipp und Lemmer 2020). Während der Simulatorfahrten in der künstlichen Umgebung können dann bestimmte Ereignisse getriggert werden, kritische Situationen provoziert werden und menschliche Reaktionen zum Beispiel über das Situationsbewusstsein oder die Leistungsfähigkeit erfasst werden. Hiermit kann dann zum Beispiel überprüft werden, ob ein Assistenzsystem das Situationsbewusstsein von Menschen (wie gewünscht) verbessert. Situationsbewusstsein wird dann also gemessen. Die Art und Weise, wie mit dem Assistenzsystem umgegangen wird, entscheidet dabei darüber, ob es sich um eine *experimentelle Fahrsimulatorstudie* oder eine *korrelative Fahrsimulatorstudie* handelt. Beide Klassen von Laborstudien werden im Folgenden näher beschrieben.

4.2.1 Experimentelle Fahrsimulatorstudien

Experimentelle Fahrsimulatorstudien sind dadurch gekennzeichnet, dass die Präsenz des Untersuchungsgegenstands im Rahmen der Studie experimentell manipuliert wird (vgl. z. B. Doering und Bortz 2016). Wenn es zum Beispiel darum geht, empirisch zu untersuchen, ob ein Assistenzsystem das Situationsbewusstsein der Fahrer verbessert, dann wird die Existenz des Assistenzsystems systematisch manipuliert. Das heißt, eine zufällig ausgewählte Teilstichprobe fährt Szenarien *mit* Unterstützung des Assistenzsystems; eine andere zufällig ausgewählte Teilstichprobe fährt Szenarien *ohne* Unterstützung des Assistenzsystems. Bei beiden Stichproben wird das Situationsbewusstsein erfasst. Mit Hilfe von varianzanalytischen Methoden wird dann untersucht, inwieweit sich das

Situationsbewusstsein der Probanden zwischen den Teilstichproben unterscheidet und ob die Präsenz des Assistenzsystems die Unterschiede erklären kann.

Eine andere Möglichkeit wäre, dass im Rahmen eines Messwiederholungsdesigns die Stichprobe nicht geteilt wird, sondern alle Probanden einmal mit und einmal ohne Unterstützung des Systems durch die Szenarien fahren. Hier ist aber zu beachten, dass die Reihenfolge (Fahrten mit bzw. ohne Assistenzsystem) permutiert werden, so dass Reihenfolgeeffekte ausgeschlossen werden können.

Werden bei experimentellen Fahrsimulatorstudien Reihenfolgeeffekte und weitere Störeinflüsse konstant gehalten, so ist dieses Verfahren die einzige Methode, mithilfe derer Kausalaussagen über die Wirkung von Assistenz- und Automationssystemen getroffen werden können (vgl. Abb. 4.1). Die interne Validität gilt hier also als hoch.

Bewertung experimenteller Fahrsimulatorstudien

Experimentelle Fahrsimulatorstudien gelten als die einzige Forschungsmethode, die geeignet ist, Kausalhypothesen zu überprüfen. Geht es also darum, einen direkten Kausalzusammenhang zwischen einem Assistenz- oder Automationssystem und einer menschlichen Reaktion herzustellen, so sollten

Abb. 4.1 Fahrsimulatorstudien. (Quelle: Deutsches Zentrum für Luft- und Raumfahrt e. V.)

hierfür experimentelle Fahrsimulatorstudien durchgeführt werden. Durch die experimentelle Manipulation der interessierenden Variable (Aktivierung des Assistenz- oder Automationssystems) sowie durch die Kontrolle aller Störeinflüsse erreicht diese Methodik eine sehr hohe *interne Validität,* allerdings auf Kosten der *externen Validität.* Insbesondere die Kontrolle der Störeinflüsse führt dazu, dass die Generalisierung des Effekts auf die Realität kaum gegeben ist. Die Situation ist letztendlich zu künstlich.

Zur Analyse der interessierenden Daten werden hierfür klassischerweise varianzanalytische Verfahren herangezogen (vgl. Doering und Bortz 2016). Diese Verfahren sind für ihre Robustheit bekannt. Falls die Voraussetzungen für diese Annahmen im Datensatz gegeben sind, kann davon ausgegangen werden, dass die *statistische Validität* gegeben ist.

Die *Konstruktvalidität* ist gegeben, wenn die richtigen Indikatoren für die Erfassung der interessierenden Konstrukte auf eine objektive, reliable und valide Art und Weise erfasst werden. Ist also zum Beispiel das Situationsbewusstsein von Interesse, sollten nicht nur Blickdaten erhoben werden, denn damit werden keinerlei Informationen darüber erfasst, ob Fahrer in der Lage sind, die Entwicklung der Situation korrekt vorherzusagen. Dies ist aber auch ein Aspekt von Situationsbewusstsein und sollte somit ebenfalls erfasst werden (vgl. Endsley 1995).

4.2.2 Korrelative Fahrsimulatorstudien

Korrelative Fahrsimulatorstudien sind dadurch gekennzeichnet, dass keine experimentelle Manipulation der zu interessierenden Variable (z. B. Präsenz des Assistenzsystems) vorgenommen wird. Stattdessen wird gemessen, inwieweit das Assistenzsystem aktiv ist und somit die gemessene Variable (beispielsweise das Situationsbewusstsein) beeinflusst (vgl. auch Shadish et al. 2001). Hiermit entstehen also auch auf Seite der experimentellen Variable (Aktivierung des Assistenzsystems) kontinuierliche Daten, die dann für gewöhnlich mit der ebenfalls kontinuierlich gemessenen Variable (Situationsbewusstsein) in Beziehung gesetzt werden müssen. Herangezogen werden hierfür klassischerweise korrelative Verfahren wie Regressionsanalysen (vgl. Cohen et al. 2003).

Bewertung korrelativer Fahrsimulatorstudien

Korrelative Fahrsimulatorstudien haben im Vergleich zu experimentellen Studien den Nachteil, dass sie keine experimentelle Manipulation bedingen und somit eine schlechtere *interne Validität* aufweisen. Der Rückschluss, dass sich eine gemessene Variable aufgrund der Aktivierung eines Systems verändert hat, ist somit nicht mehr eindeutig.

Die *externe Validität* ist höher als bei experimentellen Fahrsimulatorstudien einzuordnen. Zu berücksichtigen ist allerdings auch hier, dass das Labor eine künstliche Umgebung darstellt, somit das menschliche Verhalten beeinflusst und die Generalisierbarkeit der Ergebnisse kaum hergestellt werden kann.

Die *Konstruktvalidität* hängt – wie auch bei experimentellen Fahrsimulatorstudien – davon ab, dass die interessierenden Konstrukte auf eine reliable und valide Art gemessen wurden.

Die *statistische Validität* ist gegeben, solange Methoden angewandt werden, deren Voraussetzungen im Datensatz erfüllt sind.

4.3 Feldstudien

Feldstudien lassen sich dadurch charakterisieren, dass Daten in einer natürlichen Umgebung erfasst werden. Sie haben damit generell eine höhere externe Validität, denn das künstliche Setting in Laboren reduziert typischerweise die Generalisierbarkeit. Gleichzeitig ist aber die interne Validität der Feldstudien reduziert, da Einflussfaktoren kaum kontrolliert, vollständig gemessen und über Probanden hinweg konstant gehalten werden können. Insofern ergänzen Feldstudien Laborstudien sehr gut. In der Kategorie der Feldstudien werden die Analyse von Unfallstatistiken, Field Operational Tests sowie Naturalistic Driving Studies unterschieden. Diese Methoden werden im Folgenden näher erläutert.

4.3.1 Analyse von Unfallstatistiken

Unfälle werden von verschiedenen Stakeholdern analysiert und in Statistiken zusammengefasst: So analysieren Automobilhersteller und Automobilzulieferer Unfälle, um die eigenen Systeme kontinuierlich zu verbessern (im Rahmen ihrer Produktbeobachtungspflicht). Der Gesamtverband der Deutschen Versicherungswirtschaft verfügt über eine umfangreiche Datenbasis zum Schadengeschehen von Kraftfahrzeugen. Weiter veröffentlicht das Statistische Bundesamt jährlich einen Bericht über das Unfallgeschehen auf den Straßen der Bundesrepublik Deutschland. Die wesentlichen statistischen Definitionen umfassen hier den Unfalltyp und die Unfallart (vgl. z. B. Statistisches Bundesamt 2008):

- Der *Unfalltyp* beschreibt die Konfliktsituation, die zum Unfall führte, das heißt die Phase des Verkehrsgeschehens, in der ein Fehlverhalten oder eine

sonstige Ursache den weiteren Ablauf nicht mehr kontrollierbar machte. Im Gegensatz zur Unfallart geht es also beim Unfalltyp nicht um die Beschreibung der Kollision, sondern um die Art der Konfliktauslösung vor diesem eventuellen Zusammenstoß (Statistisches Bundesamt 2019). Insgesamt werden sieben Unfalltypen unterschieden (Fahrunfall, Abbiegeunfall, Einbiegen/Kreuzen-Unfall, Überschreitenunfall, Unfall im Ruhenden Verkehr, Unfall im Längsverkehr, sonstige Unfälle).
- Die *Unfallart* beschreibt vom gesamten Unfallablauf die Bewegungsrichtung der beteiligten Fahrzeuge zueinander beim ersten Zusammenstoß auf der Fahrbahn oder, wenn es nicht zum Zusammenstoß gekommen ist, die erste mechanische Einwirkung auf einen Verkehrsteilnehmer (Statistisches Bundesamt 2019).

Die Bundesanstalt für Straßenwesen (BASt) initiierte zusammen mit der Forschungsvereinigung Automobiltechnik e. V. (FAT) die Gründung des Langzeitprojekts German In-Depth Accident Study (GIDAS). Im Rahmen von GIDAS werden seit Juli 1999 pro Jahr ca. 2.000 Unfälle mit Personenschäden aus dem Großraum Hannover und Dresden anonymisiert und detailliert dokumentiert. Pro Unfall werden dabei über 3.500 Einzelinformationen abgelegt, sodass diese Daten zur Rekonstruktion von Unfällen, des Verkehrsverhaltens sowie zur Entwicklung von Hardware und Software geeignet sind (vgl. Liers 2019).

Die Analyse von vorhandenen Statistiken ermöglicht insbesondere die Definition des Wirkfelds eines Assistenz- oder Automationssystems. Das *Wirkfeld* bezeichnet das theoretisch maximal mögliche Potenzial einer Funktion. Gilt es zum Beispiel, ein System zu entwickeln, welches Autofahrer beim Rechtsabbiegen vor Fahrradfahrern warnt, die im toten Winkel sind, dann liefert eine Analyse der Statistiken Zahlen darüber, wie viele Unfälle damit hätten vermieden werden können. Die tatsächliche Wirksamkeit der Funktion wird durch den *Wirkgrad* gekennzeichnet. Die inferenzstatistische Analyse des Wirkgrads (typischerweise die signifikante Abweichung von Null) kann als Bewertungsmethode des Assistenz- oder Automationssystems betrachtet werden.

Bewertung der Analysen von Unfallstatistiken

Analysen von Unfallstatistiken insbesondere von Datenbanken mit reichhaltigen Informationen über das Unfallgeschehen sind geeignet, um Hypothesen abzuleiten, warum die Unfälle entstanden sind und wie solche Unfälle hätten vermieden werden können. Die *interne Validität* dieser Analysen ist allerdings nur mangelhaft gegeben. So können kaum alle relevanten Informationen auf eine reliable Art und Weise in den Datenbanken hinterlegt sein. Die Reliabilität ist zu hinterfragen, da Menschen zum Beispiel kognitiven

Verzerrungen wie dem Hindsight Bias unterliegen und im Nachgang eine Erklärung für ihr eigenes Verhalten suchen (vgl. z. B. Blank et al. 2007). Solche Verzerrungen können auch die *Konstruktvalidität* negativ beeinflussen.

Die *externe Validität* dieser Analysen ist höher zu bewerten: So stammen die Daten aus einer unbeeinflussten Realität, so dass die Generalisierbarkeit eher gegeben ist.

Zuletzt ist darauf hinzuweisen, dass die *statistische Validität* von der tatsächlichen Analyse der Unfallstatistiken und den Details (beispielsweise dem Umfang der erfassten Stichprobe) zu bewerten ist.

4.3.2 Field Operational Tests

Field Operational Tests (FOT) sind Studien, im Rahmen derer die Effekte von Assistenz- und Automationsfunktionen einer methodischen Bewertung unterzogen werden können (z. B. Santos et al. 2005). Im Rahmen dieser Studien fahren Probanden mit einem Prototypen, in den die zur Disposition stehende Assistenz- oder Automationsfunktion eingebaut ist, zusammen mit einem Studienleiter eine vorab definierte Strecke (im Realverkehr oder auf einer Teststrecke) ab (vgl. auch Jipp und Lemmer 2020). Unterschieden werden hierbei

- FOT, im Rahmen derer marktnahe Systeme in einer großen Fahrzeugflotte implementiert werden und deren Funktionsweise und mögliche Folgen dann parallel mit einer großen Stichprobe getestet werden kann.
- FOT, im Rahmen derer Probanden die Prototypen unter realen Fahrbedingungen, das heißt in deren Alltag, testen. Ein Studienleiter ist also nicht anwesend. Auch erhalten die Probanden keinerlei Anweisungen über Routen/Strecke oder Zeitpunkte/Dauer der Nutzung.
- FOT im Rahmen derer ebenfalls Probanden die Prototypen unter realen Fahrbedingungen, allerdings für einen sehr langen Zeitraum, einsetzen. Dieser Zeitraum kann sich über mehrere Monate erstrecken. Auch hier erhalten die Probanden keinerlei Anweisungen bezüglich Nutzungshäufigkeiten oder zu fahrender Strecken.

Im Rahmen von FOT-Studien werden typischerweise Daten

- über das Fahrverhalten (beispielsweise Lenkwinkel, Positionsdaten),
- über die Situation im Innenraum des Fahrzeugs (beispielsweise Anzahl der Personen im Fahrzeug),

- über Reaktionen der Fahrer (beispielsweise sprachliche Äußerungen, Veränderungen der Gesichtsausdrücke) sowie
- über die Verkehrssituation (beispielsweise Distanz zu einem vorausfahrenden Fahrzeug)

aufgezeichnet und dann später in der Datenauswertung in Bezug zur Nutzung des infrage stehenden Systems gesetzt.

Bewertung von FOT-Studien

FOT-Studien sind eine wichtige Methode, um die erwarteten Auswirkung von Assistenz- und Automationsfunktionen auf Fahrer empirisch zu überprüfen. Die *externe Validität* solcher FOT-Studien ist generell als hoch zu bewerten, denn die Datenerhebung findet fast immer in einer unbeeinflussten Realität statt.

Die *interne Validität* der FOT-Studien ist generell in Gefahr, denn Störeinflüsse sind schwer zu kontrollieren. Hier ist daher darauf zu achten, dass die Datenerhebung über einen möglichst langen Zeitraum, mit einer möglichst großen Stichprobe erfolgt und dass insbesondere auch Daten ohne die jeweils betrachtete Assistenz- oder Automatisierungsfunktion im Rahmen einer Kontrollgruppe erhoben werden.

Werden die erhobenen Daten mit adäquaten statistischen Verfahren (wie zum Beispiel Zeitreihenanalysen, Mehrebenenmodellen) ausgewertet, entstehen *statistisch valide* Ergebnisse.

Die *Konstruktvalidität* ist gegeben, sofern objektive, reliable und valide Indikatoren für relevante Konstrukte gemessen werden. Wird zum Beispiel die Usability eines Navigationsgeräts erfasst, so können sprachliche Äußerungen herangezogen werden, um die Akzeptanz des Geräts zu eruieren. Würden jedoch Fahrdaten herangezogen werden, um die Akzeptanz zu evaluieren, ist die Konstruktvalidität gefährdet.

4.3.3 Naturalistische Fahrstudien

Naturalistische Fahrstudien (englisch: Naturalistic Driving Studies, NDS) erfassen Daten über das natürliche Verhalten von Fahrern — in ihren eigenen Fahrzeugen, in ihrem Alltag und über einen längeren Zeitraum hinweg (vgl. auch Noyer et al. 2013). Die Fahrzeuge der Probanden werden hierfür möglichst unauffällig mit Messtechnik wie GPS-Empfängern, Kameras, Eye- und Head-Tracking-Systemen ausgestattet (vgl. Jipp und Lemmer 2020). Die unauffällige Ausstattung führt dazu, dass die Datenerhebung nach kürzester Zeit nicht mehr im Bewusstsein der Fahrer ist und diese somit ein natürliches Fahrverhalten an den Tag legen. Soziale Erwünschtheit (vgl. z. B. Doering und Bortz 2016) spielt hier also kaum noch eine Rolle. Die Daten werden aufgezeichnet, in regelmäßigen Abständen ausgelesen und dann zum Beispiel mit Hilfe von Zeitreihenanalysen ausgewertet.

Bewertung von NDS-Studien

NDS-Studien liefern Einblick in die Mobilitätsroutinen der Probanden sowie Indikatoren hierüber, in welchen Situationen Fahrer Unterstützung benötigen könnten. Untersucht werden kann hiermit zum Beispiel, wie häufig Fahrer während der Fahrt Textmitteilungen mit ihrem Smartphone schreiben, wie äußere Bedingungen das Fahrverhalten beeinflussen und wie häufig kritische Verkehrssituationen auftreten (vgl. z. B. Barnard et al. 2016; Stemmler et al. 2017). Gerade da die Daten in der unbeeinflussten Realität aufgezeichnet werden und insbesondere wenn die Messtechnik sehr unauffällig im Fahrzeug verbaut wird, kann davon ausgegangen werden, dass die *externe Validität* sehr hoch ist.

Die *interne Validität* der NDS-Studien lässt allerdings häufig zu wünschen übrig. So ist eine Kontrollgruppe nicht implementierbar. Letztendlich kann also lediglich die Erfassung von Daten über einen langen Zeitraum hinweg die interne Validität steigern. Eine wirkliche Kontrolle von Störeinflüssen kann damit aber auch nicht erreicht werden.

Die Art der Datenauswertung der NDS-Studien beeinflusst die *statistische Validität.* Diese Validitätsart lässt sich steigern, indem von möglichst vielen Personen Daten über einen langen Zeitraum erfasst werden. Dann ermöglichen Zeitreihenanalysen eine hohe statistische Validität.

Die *Konstruktvalidität* hängt stark davon ab, ob die erfassten Daten entsprechend der tatsächlichen Konstrukte interpretiert werden. So ist zum Beispiel eine Operationalisierung der Ablenkbarkeit durch die Erfassung des Bedienens eines Smartphones nur unzureichend valide, da Personen auch durch die Kommunikation mit anderen Personen oder durch andere Nebentätigkeiten abgelenkt sein können. Hier gilt es also, möglichst viele Indikatoren für Ablenkung zu erfassen, um dann Aussagen über die Ablenkung beim Fahren mit einer hohen Konstruktvalidität treffen zu können.

5 Vergleich technischer zu menschlicher Leistungsfähigkeit

Bereits im einführenden Kapitel ist deutlich geworden, dass die Einführung hoch automatisierter Fahrfunktionen nur dann vertretbar erscheint, wenn technische Assistenz- und Automationssysteme in den Fahrzeugen sicherer als die menschlichen Fahrer fahren. Am Ende dieses *essentials* ist es daher an der Zeit, den inhaltlichen Bogen zu schließen und das abstrakte Konzept der Risikobilanz (vgl. Abschn. 1.2 bzw. Abb. 1.2) in Bezug auf einen konkreten Anwendungsfall (beispielsweise den Autobahn-Chauffeur) näher auszuführen.

Die Balkenwaage (vgl. Abb. 1.2) ist ein Sinnbild für den abstrackten Rechtsbegriff der Risikobilanz. Auf der linken Seite der Waage wird die *Sicherheitsleistungsfähigkeit der menschlich realisierten Fahrleistung* betrachtet. Hierbei ist der Mensch mit seinen Stärken und Schwächen in den betrachteten Fahrmanövern differenziert zu betrachten:

- *Unfallkontribuierende Faktoren menschlicher Fahrleistung:* Im Rückgriff auf die Darstellung in Kap. 2 wird deutlich, dass mehrere menschliche Faktoren im Assistenz- und Automationssystem zum Unfallgeschehen beitragen können. Beim Autobahn-Chauffeur sind dies beispielsweise menschliche Fehler im Sinne von Regelverletzungen (vgl. Abschn. 2.1.2). Ein Beispiel hierfür ist die Verletzung des Sicherheitsabstands zum vorausfahrenden Fahrzeug. Weitere unfallbeitragende Faktoren sind Defizite im Situationsbewusstsein des Fahrers (vgl. Abschn. 2.2.2) So kann es dem Fahrer aufgrund von Monotonie/Müdigkeit, Ablenkung oder Alkoholeinfluss subjektiv kaum möglich sein, alle relevanten Variablen der Fahrsituation zu erfassen. Es kann dem Fahrer auch aufgrund widriger Umstände (Nebel, Starkregen) eine adäquate Erfassung der Fahrsituation objektiv unmöglich sein.

© Springer Fachmedien Wiesbaden GmbH, ein Teil von Springer Nature 2020

M. Jipp und L. Schnieder, *Fahrtests unter Realbedingungen*, essentials,
https://doi.org/10.1007/978-3-658-29420-5_5

- *Unfallvermeidende Faktoren menschlicher Fahrleistung:* Den Menschen allein für das Unfallgeschehen auf den Straßen verantwortlich zu machen, greift zu kurz. Das Situationsbewusstsein des Menschen (vgl. Abschn. 2.2.2) ist bislang von technischen Systemen in wenigen Fahrmanövern erreicht worden. Dies betrifft vor allem die Fähigkeit des Menschen, auf Grundlage ähnlicher Verkehrssituationen erfahrungsbasiert Analogien zu bereits erlebten Verkehrssituationen zu finden. Auf diese Weise gelingt es dem Menschen sogar auf Basis möglicherweise unvollständiger oder unscharfer Informationen, das zukünftige Verkehrsgeschehen zu antizipieren und hierbei zu situationsadäquaten Entscheidungen zu kommen. Dieser Stärke des Menschen stehen teilweise erhebliche Probleme maschineller Regler im Umgang mit unbekannten/unsicheren Situationen gegenüber (vgl. ISO 2019).

Den Stärken und Schwächen des Menschen kann die *Sicherheitsleistungsfähigkeit technisch realisierter Fahrleistung* gegenübergestellt werden. Hierbei werden die Stärken und Schwächen maschineller Regelungssysteme betrachtet.

- *Unfallkontribuierende Faktoren der Fahrzeugautomation* sind, wie bereits zuvor dargestellt, potenzielle Schwächen in der Nachbildung des menschlichen Situationsbewusstseins (siehe oben). Auch das Vertrauen in die Automation spielt genau dann im Falle eines Übervertrauens (*Automation Misuse*, vgl. Abschn. 2.2.1) in die Fahrzeugautomation eine Rolle.
- *Unfallvermeidende Faktoren der Fahrzeugautomation:* Regelübertritte des Menschen (vgl. Abschn. 2.1.2) werden durch eine technisch erzwungene Einhaltung von Verkehrsregeln vermieden. Aus Haftungsgründen werden die Hersteller in den Algorithmen zulässige Grenzwerte mit entsprechenden Konfidenzintervallen für eine „Reaktion zur sicheren Seite" umsetzen. Auch das „maschinelle Situationsbewusstsein" weist im Vergleich zur menschlich realisierten Fahrleistung Vorteile hinsichtlich kürzerer Reaktionszeiten und einer durch technische Maßnahmen erweiterten Umweltwahrnehmung auf. Grundlegend andere physikalische Wirkprinzipien (Radar, Lidar, Ultraschall, …) ermöglichen eine sichere Erkennungsleitung des Verkehrsumfeldes auch dann, wenn die menschlichen Sinnesorgane (optische und akustische Wahrnehmung) an ihre Grenzen stoßen.

Diese positiven und negativen Aspekte müssen in die jeweilige Waagschale gelegt und miteinander verglichen werden. Betrachtet man die Vor- und Nachteile der einzelnen Datenerhebungsmethoden (s. Kap. 4) und berücksichtigt man, dass Automationssysteme im Fahrzeug aktuell in Deutschland nicht zugelassen sind, bleibt die Methode der Laborstudie, um menschliche und technische Fahrleistungsfähigkeiten miteinander zu vergleichen. Eine konkrete Methode, die hierfür zur Verfügung steht, wurde im Rahmen des vom Bundesministerium für Wirtschaft und Energie (BMWi) geförderten PEGASUS Projekts entwickelt (vgl. Preuk und Schießl 2017). Diese Methode basiert auf der Psychophysik (vgl. Ehrenstein 2001) und auf der probabilistischen Testtheorie (z. B. Steyer und Eid 2001). Probanden werden in einer Laborumgebung wiederholt mit einem Fahrszenario konfrontiert, dessen Fahranforderungen (vgl. Abschn. 2.2.1) systematisch variiert wird. Demonstriert wurde die Methode von Preuk und Schießl (2017) am Beispiel einer simulierten Autobahnfahrt. Die Probanden fuhren mit einer konstanten Geschwindigkeit von 130 km/h auf der linken Spur einer zweispurigen Autobahn. Ein weiteres Fahrzeug, welches auf der rechten Spur fuhr, aber durch Lastkraftwagen verdeckt wurde, fuhr – mit variierenden Times to Collision (TTC) – auf die Spur des Egofahrzeugs. Erfasst wurde, ob die Probanden einen Unfall produzierten oder rechtzeitig bremsen konnten. Die Leistungsfähigkeit der Probanden entsprach 0,884 s (vgl. PEGASUS 2010). Dies war die TTC, bei der per Definition die Unfallwahrscheinlichkeit bei 50 % lag.

Das Maß der menschlichen Leistungsfähigkeit ist einerseits zu kritisieren. Berücksichtigt man die Darstellungen aus Abschn. 2.2 wird deutlich, dass die menschliche Leistungsfähigkeit variieren kann und somit eine Zahl nicht immer Gültigkeit besitzen kann. Besonders deutlich wird dies, wenn man diese Zahl auf andere Verkehrssituationen zum Beispiel im innerstädtischen Bereich generalisieren will. Im Anwendungsbeispiel wurde die menschliche Antizipationsfähigkeit (vgl. Abschn. 2.2.2) „ausgeschaltet", indem Lastkraftwagen das ausscherende Fahrzeug verdeckten. Gerade diese Antizipationsfähigkeit kann allerdings die Stärke des Menschen gegenüber der Maschine darstellen. Die externe Validität ist also, auch aufgrund der künstlichen Laborsituation und der Analyse lediglich eines Szenarios, reduziert. Positiv zu bewerten ist jedoch die hohe Probandenzahl, mit der das Maß der menschlichen Leistungsfähigkeit erhoben wurde und die adäquate Auswertung der Daten. Dementsprechend können die Konstruktvalidität, die statistische und interne Validität der Studie als sehr hoch bewertet werden. Zusammenfassend wurde also im Rahmen des PEGASUS-Projekts ein Benchmark der menschlichen Fahrleistungsfähigkeit vorgelegt. Es gilt jetzt technische Systeme zu entwickeln, welche eine bessere Leistungsfähigkeit als die des Menschen aufweisen und mit einer kürzeren TTC in der Lage sind, Unfälle zu vermeiden. Sobald der Nachweis hierfür erbracht wurde, könnte, gemäß der zweiten ethischen Regel (vgl. Abschn. 1.2) eine Zulassung angestrebt werden.

Abschließend und zusammenfassend regen die Autoren an, die Sicherheitsnachweise und die Freigabe automatisierter Fahrfunktionen evidenzbasiert zu gestalten und hierfür die Methoden und die Qualitätskriterien der Sozialwissenschaften zu nutzen. Im Bereich der evidenzbasierten Medizin ist dies schon einige Jahre Usus (z. B. Sacket et al. 2007). Wie in der Arzneimittelzulassung ist die Zulassung automatisierter Fahrzeugsysteme eine Entscheidung unter Unsicherheit. Insofern erscheint eine *initiale Zulassungsentscheidung* basierend auf Simulations- und Laborstudien erforderlich. Ähnlich wie im etablierten Regime einer *Pharmakovigilanz* müssen dann im Rahmen der Produktbeobachtungspflicht der Hersteller, bzw. der staatlichen Marktaufsicht die Prämissen der ursprünglichen Zulassungsentscheidung in regelmäßigen Zyklen von den Herstellern bestätigt werden. Hierbei können dann in zunehmend höherem Maß Ergebnisse von Simulations- und Laborstudien durch Felderfahrung substituiert werden.

Was Sie aus diesem *essential* mitnehmen können

- Darstellung der Rolle des Menschen in einem zunehmend höher automatisierten Verkehrssystem
- Darstellung menschlicher Leistungsfähigkeit im Verkehr und deren Determinanten
- Herausforderungen und Lösungsansätze eines empirisch validen Sicherheitsnachweises für Mensch-Maschine-Systeme einer höher automatisierten Automobilität

© Springer Fachmedien Wiesbaden GmbH, ein Teil von Springer Nature 2020

M. Jipp und L. Schnieder, *Fahrtests unter Realbedingungen*, essentials,
https://doi.org/10.1007/978-3-658-29420-5

Literatur

Ackerman, P. L. (1988). Determinants of individual differences during skill acquisition: Cognitive abilities and information processing. *Journal of Experimental Psychology: General, 117*(3), 288–318. https://doi.org/10.1037/0096-3445.117.3.288.

Barnard, Y., Utesch, F., van Nes, N., Eenink, R., & Baumann, M. (2016). The study design of UDRIVE: The naturalistic driving study across Europe for cars, trucks and scooters. *European Transport Research Review, 8,* 14. https://doi.org/10.1007/s12544-016-0202-z.

Bengler, K., Winner, H., & Wachenfeld, W. (2017). No Human – No Cry? *Automatisierungstechnik Methoden und Anwendungen der Steuerungs-, Regelungs- und Informationstechnik, 65,* 471–476.

Blank, H., Musch, J., & Pohl, R. F. (2007). Hindsight bias: On being wise after the event. *Social Cognition, 251,* 1–9.

BMVI. (2017). *Ethik-Kommission Automatisiertes und vernetztes Fahren.* Berlin: Bundesministerium für Verkehr und Digitale Infrastruktur.

Bundesgerichtshof. (1986). Urteil vom 09.12.1986. Aktenzeichen: VI ZR 65/86. „Honda-Fall – Motorrad-Lenkerverkleidung".

Bundesgerichtshof. (2009). Urteil vom 16.06.2009. Aktenzeichen VI ZR 107/08. Zur Haftung eines Fahrzeugherstellers für die Fehlauslösung von Airbags.

Burmester, M. (2006). Usability Engineering für interaktive Wissensmedien. In M. Eibl, H. Reiterer, P. F. Stephan & F. Thissen (Hrsg.), *Knowledge Media Design: Grundlagen und Perspektiven einer neuen Gestaltungsdisziplin* (S. 175–210). München: Oldenbourg.

Campbell, D. T., & Fiske, D. W. (1959). Convergent and discriminant validation by the multitrait-multimethod matrix. *Psychological Bulletin, 56,* 81–105. https://doi.org/10.1037/h0046016.

Cohen, J. (1988). *Statistical power analysis for the behavioural sciences.* Hillsdale: Erlbaum.

Cohen, J., Cohen, P., West, S. G. & Aiken, L. S. (2003). *Applied multiple regression/correlation analysis for the behavioral sciences.* NJ: Erlbaum.

Dahm, M. (2006). *Grundlagen der Mensch-Computer-Interaktion.* München: Pearson.

Dallmeyer, J. (2014). *Simulation des Straßenverkehrs in der Großstadt.* Wiesbaden: Springer Vieweg.

© Springer Fachmedien Wiesbaden GmbH, ein Teil von Springer Nature 2020

M. Jipp und L. Schnieder, *Fahrtests unter Realbedingungen,* essentials,
https://doi.org/10.1007/978-3-658-29420-5

De Craen, S. (2010). *The X-factor. A longitudinal study of calibration in young novice drivers*. Delft: Technische Universiteit Delft.

Doering, N. & Bortz, J. (2016). *Forschungsmethoden und Evaluation für Human- und Sozialwissenschaftler*. Berlin: Springer.

Donges, E. (1982). Fahrerverhaltensmodelle. In H. Winner, S. Hakuli & G. Wolf (Hrsg.), *Handbuch Fahrerassistenzsysteme* (S. 15–23). Wiesbaden: Vieweg + Teubner.

Durso, F. T., Hackworth, C. A., Truitt, T., Crutchfield, J., Nikolic, D. & Manning, C. (1999). Situation awareness as a predictor of performance for en route air traffic controllers. *Air Traffic Control Quarterly, 6,* 1–20.

Eggemeier, F. T. (1988). Properties of workload assessment techniques. In P. A. Hancock & N. Meshkati (Hrsg.), *Human mental workload* (S. 41–62). Amsterdam: North-Holland.

Ehrenstein, W. H. (2001). Psychophysik. In H. Hanser (Hrsg.), *Lexikon der Neurowissenschaft*. Heidelberg: Spektrum.

Eid, M., Lischetzke, T. & Nussbeck, F. W. (2006). Structural equation models for multitrait-multimethod data. In M. Eid & E. Diener (Hrsg.), *Handbook of multimethod measurement in psychology* (S. 283–299). Washington: APA.

Endsley, M. R. (1995). Toward a theory of situation awareness in dynamic systems. *Human Factors, 37,* 32–64.

Endsley, M. R. & Kiris, E. O. (1995). The out-of-the-loop performance problem and level of control in automation. *Human Factors, 37,* 381–394.

Evans, L. (2004). *Traffic safety*. Bloomfield Hills: Science Serving Society.

Fuller, R. (2005). Towards a general theory of driver behaviour. *Accident Analysis and Prevention, 37*(3), 461–472.

Gasser, T., Arzt, C., Ayoubi, M., Bartels, A., Bürkle, L., Eier, J., Flemisch, F., Häcker, D., Hesse, T., Huber, W., Lotz, C., Maurer, M., Ruth-Schumacher, S., Schwarz, J. & Vogt, W. (2012). *Rechtsfolgen zunehmender Fahrzeugautomatisierung*. Bergisch-Gladbach: Bundesanstalt für Straßenwesen.

Hart, S. G. & Staveland, L. E. (1988). Development of NASA-TLX (Task Load Index): Results of empirical and theoretical research. In P. A. Hancock & N. Meshkati (Hrsg.), *Human mental workload*. Amsterdam: North Holland.

Hoffman, R. R., Ward, P., Feltovich, P. J., DiBello, L., Fiore, S. M. & Andrews, D. H. (2014). *Accelerated expertise: Training for high proficiency in a complex world.* New York: Psychology Press.

Hollnagel, E. (1993). *Human reliability analysis: Context and control*. London: Academic.

IATF (2016). *Anforderungen an Qualitätsmanagementsysteme für die Serien- und Ersatzteilproduktion in der Automobilindustrie* (IATF 16949:2016). https://www.iatfglobaloversight.org/iatf-169492016/about/.

Ihme, K., Dömeland, C., Freese, M. & Jipp, M. (2018). Frustration in the face of the driver: A simulator study on facial muscle activity during frustrated driving. *Interaction Studies, 19,* 487–498.

ISO (2011). *Ergonomics of Human-System Interaction.* Part 420: Selection of physical input devices (ISO 9241-420:2011). https://www.iso.org/standard/52938.html.

ISO (2017). *Ergonomic Principles Related to Mental Workload. Part 1: General Issues and Concepts, Terms and Definitions* (10075-1:2017). https://www.iso.org/standard/66900.html.

ISO (2018). *Road Vehicles: Functional Safety. Part 3: Concept Phase* (ISO 26262-3:2018). https://www.iso.org/standard/68385.html .

ISO (2019). *Road vehicles: Safety of the intended functionality* (ISO/PAS 21448:2019) https://www.iso.org/standard/70939.html.

Jeon, M. (2012). A systematic approach to using music for mitigating affective effects on driving performance and safety. In *Proceedings of the 14th ACM Conference on Ubiquitous Computing, New York, ACM* (1127–1132).

Jipp, M. (2014). Levels of automation: Effects of individual differences on wheelchair control performance and user acceptance. *Theoretical Issues in Ergonomics Science, 15,* 479–504. https://doi.org/10.1080/1463922X.2013.815829.

Jipp, M. (2016). Expertise development with different types of automation: A function of different cognitive abilities. *Human Factors, 58,* 92–106. https://doi.org/10.1177/0018720815604441.

Jipp, M. & Ackerman, P. (2016). The impact of higher levels of automation on performance and situation awareness: A function of information processing ability and working-memory capacity. *Journal of Cognitive Engineering and Decision Making, 10,* 138–166. https://doi.org/10.1177/1555343416637517.

Jipp, M. & Lemmer, K. (2020). Mensch-Technik-Kooperation. In S. Pischinger & U. Seiffert (Hrsg.), *Vieweg Handbuch Kraftfahrzeugtechnik*. Wiesbaden: Springer Vieweg.

Jipp, M., Wagner, A. & Badreddin, E. (2008). Individual ability-based system design of dependable human-technology interaction. *Tagungsband des IFAC World Congress, 17,* 14779–14784. https://doi.org/10.3182/20080706-5-KR-1001.0974.

Johns, J. L. (1996). A concept analysis of trust. *Journal of Advanced Nursing, 24,* 76–83. https://doi.org/10.1046/j.1365-2648.1996.16310.x.

Kato, S., Tsugawa, S., Tokuda, K., Matsui, T. & Fujii, H. (2002). Vehicle control algorithms for cooperative driving with automated vehicles and intervehicle communications. *IEEE Transactions on Intelligent Transportation Systems, 3*(3), 155–161.

Klindt, T., & Handorn, B. (2010). Haftung eines Herstellers für Konstruktions- und Instruktionsfehler. *Neue Juristische Wochenschau., 63*(16), 1105–1108.

Lavery, D., Cockton, G. & Atkinson, M. P. (1997). Comparison of evaluation methods using structured usability problem reports. *Behaviour & Information Technology, 16,* 246–266. https://doi.org/10.1080/014492997119824.

Lee, J. D. & See, K. A. (2004). Trust in automation: Designing for appropriate reliance. *Human Factors, 46,* 50–80.

Leveson, N. (2012). *Engineering a safer world: Applying systems thinking to safety*. Cambridge: MIT Press.

Lewin, K. (2012). *Feldtheorie in den Sozialwissenschaften*. Bern: Huber (Erstveröffentlichung 1963).

Liers, H. (2019). *Detailauswertung und Rekonstruktion von Verkehrsunfällen*. https://www.dguv.de/medien/inhalt/praevention/fachbereiche_dguv/fb-verkehr/veranstaltung2019/vortrag-liers.pdf.

Martzog, P. (2015). *Feinmotorische Fertigkeiten und kognitive Fähigkeiten bei Kindern im Vorschulalter*. Marburg: Tectum.

Mayer, R. C., Davis, J. H. & Schoorman, F. D. (1995). An integrated model of organizational trust. *Academy of Management Review, 20,* 709–734.

Ministry of Transport and Communications. (1997). *En route to a society with safe road traffic*. Borlaenge, Schweden: Vaegverket.

Moray, N., Inagaki, T. & Itoh, M. (2000). Situation adaptive automation, trust and self-confidence in fault management of time-critical tasks. *Journal of Experimental Psychology: Applied, 6,* 44–58.

Nagel, K. & Schreckenberg, M. (1992). A cellular automaton model for freeway traffic. *Journal de Physique, I*(2), 2221–2229.

National Transportation Safety Board. (1997). *Marine Accident Report. Grounding of the Panamanian Passanger Ship Royal Majesty on Rose and Crown Shoal Near Nantucket Massachusetts, June 10, 1995 (PB97-916401).* Washington, DC: National Transportation Safety Board.

Norman, D. A. (1981). A psychologist views human processing: Human errors and other phenomena suggest processing mechanisms. *Proceedings of the international joint conference on artificial intelligence, Vancouver.*

Noyer, U., Schmidt, E. A., Utesch, F., Waigand, D. & Köster, F. (2013). Betrachtungen zur systematischen Durchführung von Naturalistic Driving Studies. *Der Fahrer im 21. Jahrhundert: Fahrer, Fahrerunterstützung und Bedienbarkeit, 2205,* 287–298.

Onnasch, L., Wickens, C. D., Li, H. & Manzey, D. (2014). Human performance consequences of stages and levels of automation: An integrated meta-analysis. *Human Factors, 56,* 476–488. https://doi.org/10.1177/0018720813501549.

Parasuraman, R. & Riley, V. A. (1997). Humans and automation: Use, misuse, disuse, abuse. *Human Factors, 39,* 230–253.

Parasuraman, R., Sheridan, T. B. & Wickens, C. D. (2000). A model for types and levels of human interaction with automation. *IEEE Transactions on Systems, Man, and Cybernetics, 30,* 286–296.

Parasuraman, R., Sheridan, T. B. & Wickens, C. D. (2008). Situation awareness, mental workload, and trust in automation: Viable, empirically supported cognitive engineering constructs. *Journal of Cognitive Engineering and Decision Making, 2,* 140–160. https://doi.org/10.1518/155534308X284417.

PEGASUS. (2019). *Critical scenarios for human drivers: simulator studies.* https://www.pegasusprojekt.de/files/tmpl/Pegasus-Abschlussveranstaltung/07_The_Human_Driver-Critical_Scenarios_in_Simulator_Studies.pdf.

Pew, R. W. (2000). The state of situation awareness measurement: Heading toward the next century. In M. R. Endsley & D. G. Garland (Hrsg.), *Situation awareness analysis and measurement*. Mahwah, NJ: Lawrence Erlbaum.

Preuk, K. & Schießl, C. (2017). Menschliche Leistungsfähigkeit als Gütekriterium für die Zulassung automatisierter Fahrzeuge: Methode zur Ermittlung der Grenzen menschlicher Leistungsfähigkeit. *9. VDI-Tagung: Fahrer im 21. Jahrhundert.* Braunschweig: VDI.

Pritchett, A. R. & Hansman, R. J. (2000). Use of testable responses for performance-based measurement of situation awareness. In M. R. Endsley & D. J. Garland (Hrsg.), *Situation awareness analysis and measurement* (S. 189–210). London: Erlbaum.

Reason, J. (1990). *Human Error*. Cambridge: Cambridge University Press.

Ribback, S. (2003). *Psychophysiologische Untersuchungen mentaler Beanspruchung in simulierten Mensch-Maschine-Interaktionen*. Potsdam: Universität Potsdam.

Rohmert, W. (1984). Das Belastungs-Beanspruchungs-Konzept. *Zeitschrift für Arbeitswissenschaft, 38,* 193–200.

Sackett, D. L., Rosenberg, W. M., Gray, J. A., Haynes, R. B. & Richardson, W. S. (2007). Evidence-based medicine: What it is and what it isn't. *Clinical Orthopaedics and Related Research, 445,* 3–5. https://doi.org/10.1136/bmj.312.7023.71.

Santos, J., Merat, N., Mouta, S., Brookhuis, K. & de Waard, D. (2005). The interaction between driving and in-vehicle infor-mation Systems: Comparison of results from laboratory, simulator and real-world studies. *Transportation Research Part F: Traffic Psychology and Behaviour, 8*(2), 135–146.

Schnabel, E. (2011). *Alcohol and driving related performance. A comprehensive metaanalysis focusing the significance of the non-significant.* Würzburg: Universität Würzburg. https://opus.bibliothek.uni-wuerzburg.de/opus4-wuerzburg/frontdoor/deliver/index/docId/5706/file/SchnabelDiss.pdf.

Schnieder, L. & Hosse, R. S. (2019). *Fallstudie zur Gestaltung von SOTIF.* Berlin: Springer Vieweg.

Schnieder, L. & Krumbach, P. (2019). Zulassungsmaßstäbe für das hochautomatisierte Fahren. *Hanser Automotive, 10,* 40–43.

Shadish, W. R., Cook, T. D. & Campbell, D. T. (2001). *Experimental and quasi-experimental designs for generalized causal inference.* Belmont: Cengage Learning.

Statistisches Bundesamt. (2008). *Verkehr: Verkehrsunfälle 2007.* Wiesbaden: Statistisches Bundesamt.

Statistisches Bundesamt. (2019). *Verkehr: Verkehrsunfälle 2018.* Wiesbaden: Statistisches Bundesamt.

Stemmler, K. & Dotzauer, M. (2017). A probabilistic framework for identifying safety critical events in naturalistic driving time series data. *NDRS,* Jun, 08–09, 2017, Den Haag, Niederlande.

Steyer, R. & Eid, M. (2001). *Messen und Testen.* Berlin: Springer.

Weimer, H. (1931). Fehler oder Irrtum. *Zeitschrift für Pädagogische Psychologie, 32,* 48–53.

Yerkes, R. M. & Dodson, J. D. (1908). The relation of strength of stimulus to rapidity of habit-formation. *Journal of Comparative Neurology and Psychology, 18,* 459–482.

Zuboff, S. (1988). *In the age of smart machines. The future of work and power.* New York: Basic Books.

Printed in the United States
By Bookmasters